年轻人的第一件珠宝

宝石学家老许/著

U0344955

华中科技大学出版社
http://press.hust.edu.cn
中国·武汉

图书在版编目（CIP）数据

年轻人的第一件珠宝 / 宝石学家老许著. -- 武汉 ：华中科技大学出版社，2024. 7. -- ISBN 978-7
-5772-1008-7

Ⅰ. TS933.21-49

中国国家版本馆 CIP 数据核字第 2024CK7464 号

年轻人的第一件珠宝
Nianqingren de Di yi Jian Zhubao

宝石学家老许　著

策划编辑：杨　静　沈　柳
责任编辑：沈　柳
封面设计：琥珀视觉
责任校对：王亚钦
责任监印：朱　玢
出版发行：华中科技大学出版社（中国·武汉）　　电话：(027)81321913
　　　　　武汉市东湖新技术开发区华工科技园　　邮编：430223
录　　排：武汉蓝色匠心图文设计有限公司
印　　刷：湖北新华印务有限公司
开　　本：710mm×1000mm　1/16
印　　张：18.25
字　　数：268 千字
版　　次：2024 年 7 月第 1 版第 1 次印刷
定　　价：70.00 元

在一次公开讲座中,我设计了一个观察性实验。我邀请在场的观众通过手势来模拟打电话,结果多种多样。

大多数参与者的手势相似,他们把大拇指放在耳边、小拇指放在嘴边。然而,另一部分较为年轻的观众的手势则完全不同,他们将手掌贴着脸颊上模拟使用智能手机通话。值得一提的是,有一个小朋友将手腕对准嘴巴,显然,他所理解的"电话"是儿童电话手表。这清晰地显示了我们的年龄和经历让我们对同一概念有不同的理解。

说回珠宝,它对于不同的人也有不同的意义。它们美丽、稀有,但当我们为其赋予情感和文化价值时,它们便超越了物质本身,成为情感的承载者和文化的代表。宝石学的发展反映了人类对世界的认知与探索。古时候,由于技术限制,人们对珠宝有着种种误解。例如,曾经有人认为水晶是一种特殊的冰,而钻石被认为是坚不可摧的。这些误解导致了珠宝身份的曲折认定过程。例如,著名的"黑王子红宝石",这颗"红宝石"自 14 世纪以来多次易主,最终被镶嵌在英国皇室的王冠上,成为皇室荣耀的一部分。直到近代,科学家们仔细鉴定,才发现这颗"红宝石"其实是一颗红色的尖晶石。

从这个例子可以看出，随着科技的发展，我们对这个世界的理解将会变得更加深刻和准确。

宝石学是一个不断进步的现代学科，涉及光学、矿物学、岩石学、材料学等多个学科。时至今日，宝石的品类不胜枚举、纷繁多样，涉及的专业知识越来越多，越来越复杂。随着人们生活水平和科技水平的不断提高，世界珠宝行业发展迅速，市场空前繁荣稳定，给珠宝行业和宝石学带来重要的发展机遇和挑战。

改革开放以来，人们接收到的信息越来越丰富，审美水平也在不断提高。从传统的金、银、玉石到璀璨的钻石，再到各式各样的彩色宝石，珠宝市场经历了翻天覆地的变化。销售途径也从传统的金铺、银楼、珠宝店，发展到现代的连锁珠宝品牌店以及网络销售渠道，这些网络销售渠道包括网店、微商、直播间等。

然而，在"Z世代"（1995—2009年出生的人）成为消费主力的今天，传统的珠宝品牌在与年轻人的沟通上显得力不从心。新时代的年轻人，他们的审美与需求已有了巨大的变化。他们对美的理解和对国家与文化的自信，使他们敢于欣赏国外的流行文化，同时又坚信国潮是最棒的。

与此同时,新时代的年轻人也面临挑战。他们生活在一个物质丰富且信息爆炸的时代。尽管他们善于学习,能够快速接收新鲜信息,但过于碎片化的信息使他们的知识获取流于表面。他们也很容易陷入个性化推荐系统的信息茧房,这使得年轻人容易偏听偏信。

对此,传统的珠宝行业从业者需要反思。许多行业从业者对新一代消费者的需求并不了解,甚至一无所知,这使他们与年轻人的距离越来越远。我写这本书的初衷,就是希望构建这座桥梁,让行业从业者和年轻人互相了解,共同发现珠宝的无穷魅力。

本书的编辑出版得到了黄志勇、杜半、曹阳、郭晓飞、程宝林、石研、李勋贵、胡楚雁、冯建东、吴威、黄金远、叶满锡、陈满标、黄振敏、罗荣俭、张珠福、陆太进、沈崇辉、兰延、柴萌、张健和宋中华等领导和专家的关注和支持,特此鸣谢!

目录 CONTENTS

第一章

购买指南

第一节　第一件珠宝怎么选？

在购买人生第一件珠宝的时候，你必须先想清楚自己购买珠宝的目的是什么。绝大多数人购买珠宝的目的主要分为两种：第一种是为了满足社交需求，他们期望自己佩戴的饰品能够被大家一眼识别出品牌，因此会选择购买一些品牌标志明显的饰品；第二种则是追求性价比，将目光锁定在宝石或饰品本身，不愿为品牌溢价买单，从而选择定制。本节会结合这两种需求，教大家如何选择自己的第一件珠宝。

如果你购买珠宝的目的是满足社交需求，希望佩戴的饰品能够一眼被辨识出品牌，我建议可以考虑一些有标志性设计的经典系列珠宝，比如梵克雅宝的 Alhambra 四叶幸运系列、卡地亚的 LOVE 系列、宝格丽的 B. ZERO1 系列等。这些经典产品就像劳力士表一样，虽然它们可能没有让人眼前一亮的新颖设计，但它们的品质和设计经得起时间的考验，可以满足你的社交需求。

具体来说，如果选购钻戒，你期望在重要场合佩戴时，能够明显地看出品牌，那么在预算范围内，我推荐选择蒂芙尼、卡地亚等国际知名品牌的产品。如果预算不高，也可以选择周大福、DR 等较具知名度的品牌。这种社交需求与品牌认同感，使一些人愿意为其支付一定的溢价，比如 DR 品牌广告所宣传的"男士一生仅能定制一枚"。很多顾客愿意买单，都源于对品牌及其标志性设计的认可和社交需求。

如果你购买珠宝的目的是珠宝首饰本身，不愿意支付高额的品牌溢价，希望可以把钱都花在刀刃上，那就可以考虑珠宝定制。珠宝的价值往往取决于材质，去除溢价的部分，你会发现相同参数的产品定制的价格可能比各大品牌便宜 30%～50%。

如果你倾向于定制珠宝，在贵金属材质的选择上，我推荐 18K 金或者铂金。这些金属因其高纯度以及具备良好的耐磨性，被广泛认可。相比其他普通金属和一些低廉合金，这些贵金属更加保值。至于主石，我推荐钻石、红宝石、蓝

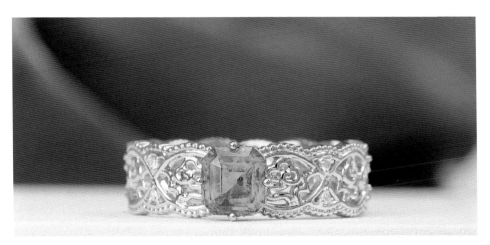

珠宝定制

宝石、祖母绿等，因为它们的美感和稀有度使其在市场上具有高接受度，这些贵重宝石的市场接受度给了购买者信心。其他的彩色宝石里也有一些不错的选择，比如尖晶石、海蓝宝石等。在第一次购买珠宝的时候要谨慎选择，尽量选择大众耳熟能详的名贵宝石。如果是第二次购买或第三次购买，有了以往的经验积累，就可以随心选择了。

　　初次购买珠宝时，你可能会对一些冷门但优质的宝石，如帕拉伊巴碧玺和帕帕拉恰蓝宝石产生兴趣。然而，考虑到这些宝石的价格高昂、品质跨度大以及鉴定难度高，一般不推荐初次购买者选择。

　　对于初次购买者，我建议将预算集中在主石和贵金属上，选择简约的镶嵌款式。例如，你计划购买钻戒，预算为 5 万到 6 万元，可以选择一克拉的中高品质钻石，配以简洁的四爪或六爪镶嵌，这样整体价格就不会过高。如此一来，你不仅能保证主石的品质，也能避免在过于复杂的款式上过度花费。况且，简约的款式更耐看，而复杂的款式虽一时觉得好看，但长期看可能会感到厌倦。如果换款式，则意味着要浪费镶嵌的工费、起版费等费用。

　　随着购买次数的增加，你会逐渐了解自己的珠宝喜好和理想的款式，那时再做全面的分析和挑选就更为稳妥了。

帕拉伊巴碧玺戒指

简约六爪镶嵌戒指

第二节　婚嫁首饰如何选择？

中国历史文化悠久，每个朝代和地区的婚嫁习俗都不完全相同。在影视作品里，我们还会看到"父母之命，媒妁之言"的开盲盒式婚姻。作为礼仪之邦，古时候的婚嫁有很多繁杂的环节，比如有的地区会有较正式的聘书、礼书、迎亲书这"三书"，还有纳采、问名、纳吉、纳征、请期、亲迎这"六礼"。以前，还要看双方的八字是否相合。提到定情信物，国人比较钟情黄金、白银、玉石。

20 世纪 70 年代，随着形势和潮流的发展与变化，人们更讲究实惠。比如，当时很流行缝纫机、自行车、手表、收音机，合称"三转一响"。"三转一响"在不同地区或不同年代的含义多少有点不同，但无论哪一个版本，它们的主题都以喜庆的中国红作为背景。

中式婚礼

古法金手镯

　　直到 20 世纪末，"钻石恒久远，一颗永流传"的广告进入中国亿万百姓的视野，自此，白色背景的婚礼和钻戒成为中国人情定终身的选择。这一变化，一方面归功于钻石行业巨头戴比尔斯每年花费高达 2 亿美元进行推广，另一方面由于中国改革开放初期娱乐活动的稀缺和电视的普及，这使得西方的婚礼模式被中国人逐渐接受。特别是那些出生在 20 世纪末的年轻人，他们更愿意接受白色或红色的婚礼背景色以及将钻戒作为定情信物这种新时代的习俗。

　　然而，这种新习俗也引发了一些疑问和质疑。一部分年轻人因为个性化的需求，对这种习俗表示不认可。另一部分年轻人，则是因为负担不起这种习俗所带来的高额经济成本，例如买房、买车、聘礼（"三金"）、嫁妆、钻戒、婚纱摄影、酒席和新婚旅行等。这些花费对许多年轻人来说，都是沉重的开支。

首先，我想强调一点，虽然钻石已经深入中国的婚姻习俗，但它源于西方，并非中国的传统。因此，如果你喜欢钻石且预算充足，将它作为定情信物是一个不错的选择。然而，如果你并不特别喜欢钻石，或者预算有限，那么完全没有必要勉强自己。

在传统习俗中，我们常说的"三金"，指的是金耳环、金项链和金戒指，但这并非固定不变，每个地区或者个体的理解可能会有所不同。这里还需要插入一个知识点，就是古法金工艺。在我国古代就有精美绝伦的八大金工艺：鎏金、花丝镶嵌、锤鍱、金银错、掐丝、炸珠、錾花和累丝。而现代的古法金工艺是

"三金"首饰

对戒

有一定区别的，现代主要为鎏金、花丝、锤鍱、掐丝、錾刻、累丝、镶嵌、珐琅彩这八种。

年轻人在备婚时，应该更多地根据自己的喜好和需求来选择定情信物。以戒指为例，在结婚过程中，常见的有求婚戒指、订婚戒指以及婚礼现场交换的对戒。许多年轻人在求婚或订婚时，会选择一枚单独的女戒，而在婚礼现场，新人会交换对戒作为定情信物。这些对戒的设计各异，有的镶嵌小钻石，有的造型别致优美，有的则是简约的光圈设计。这种选择，应该以你和伴侣的共同喜好为准，切勿盲目追求复杂或豪华的设计。

对于预算有限的朋友，女士婚戒建议选择单颗钻石的设计，而男士可以考虑简约的光圈款或稍具特色的设计。女士单颗钻石戒指，30 分的款式只需几千元；50 分的预算为一万元到两万元；若是 70～80 分的，价格为两万元到三万元；而 1 克拉的钻戒，四五万元即可购得品质尚佳的款式；增加预算则可以买到更高品质的 1 克拉钻石戒指。如果要进一步压缩预算，对戒是一个很好的选择。仅需几千元，就有多款 18K 金或铂金对戒可供挑选。

如果觉得无色透明的圆形钻石有些单调乏味，不能展现个性和审美，也可考虑彩色钻石或异形钻石。市场上常见的彩色钻石有黄钻和粉钻，另有红钻、蓝钻、绿钻等昂贵的品种，也有棕色、黑色等平价的品种。由于市场需求旺盛，彩色钻石的价格也在不断增长。从整个钻石行情来说，高品质彩钻的价格增长幅度明显大于无色钻石。

钻石戒指

最近这几年，越来越多的明星在结婚时，不约而同地选择异形钻石，而非圆形钻石。从严格意义上讲，异形钻石应该叫花式切工的钻石，是除了标准圆钻形切割以外的所有形状钻石。花式切工包括公主方、雷迪恩、椭圆形、水滴形、爱心形等，切割工艺迥异，更有独特魅力，能够满足个人对钻石个性化的

彩色钻石戒指

需求。另外，市场上的许多商家也能提供对钻石切工的设计定制服务。例如，把钻石切割成小兔、马、小熊等形状。

但是，要注意，男生如果想用异形钻石求婚，一定要慎重。因为很多女生可能不太了解钻石的相关知识，以为钻石就应该是圆形的，所以如果决定要用异形钻石，应尽可能提前和对方沟通。如果女生愿意，异形钻石其实是一个不错的选择，因为两个同样级别和重量的钻石，异形钻石的价格仅仅是圆钻的六到七折。

你知道为什么异形钻石比圆钻要便宜吗？解答这个问题，就需要介绍一个比较专业的名词——留存率。留存率指的是将原始钻石毛坯切割打磨成最终产品后，重量的保留比例。以圆形钻石为例，其留存率通常为40%—50%。也就是说，如果原始钻石毛坯为1克拉，切割成圆形钻石后，最后重量只有0.4—0.5克拉。矿场开采出的毛坯钻石形状不尽相同，可能是标准的八面体，也可能是各种不规则的形状。一颗三明治形状的毛坯钻石，切割成圆形钻石，只能得到小颗粒；而切成水滴形等异形钻石，可以获得较大颗粒。因此，异形钻石的

①—④分别为公主方形、雷迪恩形、水滴形、椭圆形钻石

留存率通常可以高达 70% 以上。另外还有一个原因，只有圆形钻石有 3EX 的切工标准，其中包含了切工比例、对称性以及抛光。切工比例是非常重要的一项指标，它里面包含了冠角、冠高百分比、底尖大小、剔磨、腰围厚度百分比、下半面百分比、亭角、亭深百分比等，只有全都达到 Excellent（优秀的）标准，才有资格叫 Excellent 切工。如果抛光和对称也都达到了 Excellent，就是我们所说的全美钻石，所以 3EX 切工是很厉害的。但异形钻石只有两个 Excellent，相比圆形钻石，异形钻石在证书上是没有切工比例这一项的，这主要是因为异形切工很难统一审美的标准。比如，常见的水滴形，有些人喜欢圆润的，有些人却喜欢修长的，你能说哪一个的审美更高级吗？所以异形钻石的切工自由度会更高一些。

切工比例不好的钻石

彩色宝石戒指

钻石的选择多种多样，如果你只是为了在婚礼等特定场合佩戴一次，后续没有佩戴的需求，那么合成钻石或许是一个不错的选择。

如果觉得彩色钻石与异形钻石还不够彰显个性气质，或者预算不足，那么也可以考虑将其他宝石作为定情信物。其实在欧洲，选择彩色宝石作为婚戒主石是非常常见的，像石榴石、红宝石、蓝宝石、祖母绿、帕帕拉恰、欧泊、月光石等，都曾有人拿来做婚戒主石。以红宝石为例，它因火红色彩经常被视为热情和永恒的象征。当安德鲁王子用 Garrard（盖拉特）红宝石戒指向莎拉·弗格森求婚时，便掀起了一股红宝石婚戒的热潮。而蓝宝石婚戒更加经典，查尔斯王子和戴安娜王妃订婚时的那枚 12 克拉蓝宝石戒指成了永恒的经典。祖母绿所散发的醉人绿意不仅见证了爱德华八世与辛普森夫人的传奇爱情，还成为众多名人，如杰奎琳·肯尼迪和奥利维亚·维尔德的首选。

这种例子还有很多，如英国尤金妮公主的帕帕拉恰戒指，韩国女星泫雅的独特欧泊与彩钻相结合的戒指，无不展现出自身独特的审美，也见证了爱情的美好。

这些彩色宝石，无论是作为婚戒，还是代表某段感情，它们都是爱情的绝美标志，成为许多爱情故事中不可或缺的角色。

 ## 第三节　一万元可以买到什么宝石？

在实际购买的时候，通常会根据预算来进行选择。如果对宝石体系和市场价格没有足够的了解，估计很难有明确的选择。按照市场上最常见的一万元预算，我帮大家整理了一些选择方案，可供参考。本节涉及的价格为年轻人选择彩色宝石时常用的网络平台的平均价格，会因品质、购买时间、渠道等产生波动。

若是预算有一万元，其实有非常多不错的选择。如果说小伙伴喜欢钻石的话，首先可以关注一下标准圆钻形切工的白钻。虽说我们经常会提到白钻这个词，但实际上，它指的是无色至浅黄（褐、灰）色的钻石，按钻石颜色划分颜色级别，由高到低用英文字母 D、E、F、G、H 等代表不同色级。标准圆钻形切工的白钻，可以选 50 分的。这个价位对应钻石的等级，还算物有所值。如果喜欢彩钻，推荐黄钻，因为黄钻的价格和圆形的白钻比较接近。一万元的预算，也可以选择50分左右、品质不错的黄色钻石。

黄钻戒指

如果把这个预算放在红宝石上，可以买到一颗 50—60 分、未经热处理的莫桑比克鸽血红。评价彩色宝石的颜色，我们会从色调、饱和度、明度等角度来评价。如果不要求颜色一定是鸽血红级别，可以选择明显带有一些其他色调的或者偏浅的红宝石，这样可以买到 80 分甚至接近 1 克拉的无烧红宝石。红宝石的颜色有一定范围，其中最高品质的颜色，有个商业名称叫鸽血红。除了鸽血红色，有一些红宝石的颜色会深一点，有一些颜色会浅一点。

如果有明显的紫色调、粉色调等，就没办法称作鸽血红。颜色比较深的红宝石相对沉稳贵气，男生佩戴它是一个不错的选择，但大部分年轻女生并不适合，可以考虑颜色偏浅或者有紫色调、粉色调的红宝石，它们的性价比非常高。另外，传统加热的红宝石也不贵，1万元预算可以买到接近1克拉的传统加热的红宝石。

红宝石戒指

蓝宝石戒指

这个预算若选蓝宝石也很不错，因为 1 万元可以买到接近 1 克拉的未经热处理、品质非常不错的矢车菊蓝宝石。假如我们想选大一点的，其实也能找到 1 克拉到 1.5 克拉的传统加热[1]的矢车菊或者皇家蓝。这个选择我非常推荐，因为传统加热和无烧是无法通过肉眼进行区分的，而且传统加热后的宝石对人体并没有什么害处。在珠宝行业内部，大家都是接受传统加热的。

这里，我要单独强调一个品类，叫作帕帕拉恰[2]。它的颜色是粉橙色，价格跨度比较大，1 克拉的帕帕拉恰从几千元到几万元的都有，所以 1 万元大概可以买到 1 克拉品质优良的来自斯里兰卡这种优质产区的帕帕拉恰。另外，粉色、黄色、紫色、绿色的蓝宝石，它们的品质都是非常不错的。1 万元的预算大概可以买到 1.5 克拉甚至 2 克拉的彩色蓝宝石。

帕帕拉恰戒指

---

[1] 市场上通常把彩色宝石的热处理类别分为无烧、传统加热和非传统加热，国标 GB/T 32862—2016 的热处理类别细化为未经热处理 N、热处理无残留 H、热处理少量残留 H_1、热处理中量残留 H_2、热处理大量残留 H_3。传统加热对应的是热处理无残留 H，非传统加热对应的是热处理少量残留 H_1、热处理中量残留 H_2、热处理大量残留 H_3。

[2] 帕帕拉恰（Padparadscha）的叫法源自斯里兰卡，是粉橙色蓝宝石的商用名称。

如果把注意力放在祖母绿身上，你会发现它的价格大概可以对标红宝石。1克拉品质还不错的祖母绿，价格大概为2万元到3万元。有一些品质高的，会在3万元以上。所以1万元的预算，我会推荐50分左右品质还不错的祖母绿或者50分以内的极品祖母绿，比如哥伦比亚产地或者阿富汗潘杰希尔产地的高品质祖母绿。可以接受较小重量的祖母绿，主要是因为它的比重较小，虽然重量在50分以内，但看起来跟70—80分的红宝石一样大。

祖母绿吊坠

除了我们常见的刻面祖母绿之外，还有两种非常推荐的切工，就是糖包山切工和素面切工，这两种切工相对来讲会便宜很多。1万元可以买到1克拉左右的糖包山切工或素面切工的祖母绿，这些是很不错的选择。

金绿猫眼和钻石、红宝石、蓝宝石、祖母绿并称为五大名贵宝石。金绿宝

糖包山祖母绿和素面祖母绿

石的品类特别多，比如我们常见的普通的金绿宝石，它的颜色是金色和绿色，还有一些绿色调更明显的叫作钒金绿宝石①。金绿宝石家族里边有猫眼②和变石这两个天王级的宝石，还有变石猫眼和星光金绿宝石，这些属于极为稀缺的品种。普通的金绿宝石，价格非常划算。1 万元的预算，大概可以买到 2—3 克拉的品质很不错的金绿宝石。金绿猫眼也非常漂亮，1 万元预算可以买到 1—1.5 克拉的金绿猫眼。但变石价格就特别高，1 万元有可能只能买到 1 克拉品质很一般的亚历山大变石。大部分时候，我会建议选颗粒较小但品质较高的变石。

除了刚刚讲到的那几种贵重宝石，市面上比较常见的还有碧玺、尖晶石、摩根石、坦桑石、沙弗莱等。这些宝石的净度比贵重宝石高很多，整个块头也大一点。1 万元预算可以轻松买到 1—2 克拉的这些宝石，甚至可以找得到 3—5 克拉的。

一些宝石家族有繁杂细致的分类，比如碧玺，我们常见的有玫瑰红、红、

---

① 钒金绿宝石（Vanadium Chrysoberyl）为市场上的商用名称，在国标里没有这个命名。
② 在珠宝玉石的基本名称后面加"猫眼"二字，可以用来描述具有猫眼效应的宝石，但只有"金绿宝石猫眼"可直接称为"猫眼"。

金绿宝石和金绿猫眼

绿、深绿、浅绿、浅蓝、蓝、深蓝、蓝灰、紫、黄、绿黄、褐、黄褐、浅褐橙、黑等颜色，每种颜色对应的品质和价格都不一样。大部分时候，1万元可以买到3—5克拉，而且品质非常不错的碧玺。在碧玺里边，有一个特别的品类，叫帕拉伊巴碧玺①，这类碧玺就很贵重。1万元预算，只能买到几十分重量的帕拉伊巴，但是我同样建议，哪怕买小一点，也尽量选品质好一点的宝石。除了帕拉伊巴碧玺以外，碧玺里面还有一个品类也是近两年内的黑马，名叫拉贡碧玺。拉贡碧玺的价格跨度很大，主要取决于拉贡的品质。如果想买高品质的拉贡碧玺，1万元的预算只能买到1克拉左右的。如果不追求高品质的话，1万元的预算大概可以买到3—5克拉的拉贡碧玺。

　　海蓝宝石也是目前市面上比较热门的宝石品类。2020年3月，GUILD宝石实验室正式推出海蓝宝石圣玛利亚色（Santa Maria Color）的评定，圣玛利亚成为优质海蓝宝石的代名词，并在这之后推出了超级圣玛利亚色（Exceptional Santa Maria Color）的评定。海蓝宝的价格主要是由颜色决定的，颜色越浓郁，

① 帕拉伊巴碧玺（Paraiba Tourmaline）是因1989年巴西帕拉伊巴州产出的绿蓝-蓝色调的电气石而得名，为市场上的商用名称，在国标里没有这个命名。

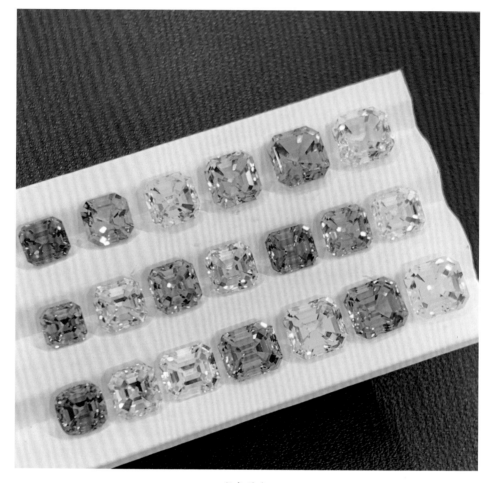

彩色碧玺

价格越贵。1万元的预算，可以买到5—10克拉的普通海蓝宝石。如果你追求颜色浓郁深邃，1万元可以买到3—5克拉的圣玛利亚海蓝宝石。如果想要颜色更加浓郁的超级圣玛利亚海蓝宝石，1万元只能买到2克拉左右的。

摩根石、祖母绿、海蓝宝石同属于绿柱石家族，也受到非常多年轻人的青睐。摩根石主要有两个色系，分别是粉色系和桃色系。这两个色系之间的价格差距比较大，1万元的预算可以买到3—4克拉的粉色系摩根石。如果想要追求更大的，可以考虑选择桃色系的摩根石，1万元预算能够买到7—8克拉的桃色

海蓝宝石首饰

系摩根石。

尖晶石是我个人非常喜欢和推荐的一种宝石。1 万元预算可以买到 1 克拉红色或粉色的尖晶石，但是如果选择比较高品质的绝地武士尖晶石、蓝小妖钻尖晶等，那 1 万元预算就显得捉襟见肘，只能选择几十分的。尖晶石的价格跨度很大，1 克拉几万元、十几万元的都有，几百元甚至几十元的也有。比如说，灰色系和淡粉色的尖晶石，1 万元的预算，可以买到 3—5 克拉品质不错的。

对于喜欢黑色宝石的朋友们而言，黑色尖晶石是一个值得考虑的选择。这种宝石呈深黑色，并且完全不透明，看起来就像黑钻。黑色尖晶石的价格相对较为亲民，1 万元的预算可以购得一颗较大的黑色尖晶石。对于男性或者个性独

彩色尖晶石

特、气质较酷的女性来说，黑色尖晶石无疑是个极好的选择。它的神秘色泽和独特的外观，可以轻松展现出佩戴者的个性和独特品位。

1万元能买什么样的宝石？这个问题的答案非常多。本节内容浅尝辄止，品牌不同、渠道不同，甚至购买的时间不同，价格都会有较大差异。建议大家在选购之前，多阅读和了解专业的书籍与知识，多看多问，做到知己知彼，方能百战不殆。

 第四节 男生可以戴珠宝吗?

男性在大部分历史时期中都处于主导地位。在物资匮乏的年代，装饰品发挥了体现权力和地位的重要作用，比如，皇冠、权杖、戒指等都是权势、地位的象征。历史上的武将，常以佩剑彰显身份；文人墨客，则以手执名家纸扇来彰显自己的高雅品位。古代男性热衷于使用装饰品，他们对美的追求不亚于女性。

　　记得在我小的时候，喜欢看一些激动人心的动画片，其中有一部我特别喜欢的动画片叫《地球超人》。片中的主角手上都戴着戒指，每一枚戒指都代表着一种特殊的能力。我们也会用纸或者其他材料制作戒指，模仿动画片里的动作。

　　综上所述，男性并非不喜欢珠宝，而是他们的社会地位、经济压力以及年龄等因素限制了他们对珠宝的消费。

男士戒指

　　那么，男生是否可以佩戴华丽的珠宝呢？答案当然是肯定的。然而，很多男生在佩戴珠宝时面临的主要问题是不知道如何合理地搭配，避免显得过于女性化或与其年龄不相符，从而产生太过娇气或老气的效果。

虽然我不是专业的搭配师，不过根据自己在这个行业的从业经验，我或许能给大家提供一些参考建议。在搭配的时候，需要注意以下几个事项。

在款式上，可以选择戒指、项链、耳钉、袖扣、领带夹等。女生佩戴比较多的款式，男生应该尽量避免，比如造型特别夸张的耳环，或者比较细、比较长的耳线，都不建议男生轻易尝试，更不推荐佩戴脖子上的 choke（项圈）以及脚链之类风格独特的首饰。虽然有时候，在舞台上或影视剧里，会看到一些男生佩戴女性风格的珠宝首饰，但不建议男生在日常场合佩戴这种首饰，如果驾驭不了，会显得非常违和。

袖扣和戒指

男生可以选择偏粗犷的、线条稍微硬朗一点的款式。这些跟阳刚气质相对契合，显得比较大气；过于忧郁、暗黑风格的款式，比如骷髅头、铆钉，还有看起来比较野性和血腥的款式，除非自己能驾驭得了，一般不建议选择。

学生或求职者选择珠宝首饰更要谨慎。不合适的款式可能会给人过于成熟或老气的感觉。在找工作面试的时候，如果你佩戴风格夸张的耳环、项链、手链等饰品，会显得不够正式，影响面试官的印象。

在颜色的选择上，推荐黑、白、灰等冷色调，蓝色是非常合适的选择。当然，如果你偏好红、黄、绿、橙等亮色，也可以考虑，但要注意尽量避免大面积使用这些色彩，否则可能在整体搭配中显得突兀，难以驾驭。可以考虑选择

骷髅和铆钉形状的戒指

小面积或者颜色饱和度较低的饰品。

　　至于材质，如果你有较强的消费能力，建议选择高级的珠宝，如以钻石、红宝石、蓝宝石、祖母绿等为主石的贵重珠宝，也可以找专业的设计师为你定制独特的首饰，这样不仅能体现社会地位和职业特征，还能凸显个性气质。经济实力相对较弱，但又渴望拥有珠宝的人，可以选择以贵金属为主的饰品，如黄金、铂金、K金等。贵金属饰品，都比较保值，可以作为一种投资物品。既可以日常佩戴，装扮自己，而且在不再需要时，可以轻易变现。如果你不希望自己看起来过于像暴发户，可以避免选择黄金色的珠宝，转而选择玫瑰金色或铂金色的。在款式上，简洁时尚的设计可能是更好的选择。

　　学生群体经济还未独立，因此建议选择性价比高、品牌溢价较低的首饰。

　　另一种市场上常见的首饰是珠串。这类首饰自带文化气息，但一般人难以驾驭，而那些学识渊博、有浓厚书卷气的人，才能更好地展现其魅力。

　　首饰的选择应根据不同的场合进行调整。例如，在正式的场合，如晚宴，可以佩戴领带夹、胸针、袖扣等配饰，以配合正装，显得既得体又精致。但如果在日常生活中也如此打扮，可能会显得过于隆重。

最后，我还要提醒大家，从搭配角度来看，应尽量选择款式适宜、颜色不超过三种的服装。首饰也要与服装有所呼应，以打造和谐统一的整体形象。这样不仅可以提升个人形象，还能展现男性的独特风格和品位。

男士尖晶石戒指

珠串

 第五节　在旅游区可以购买珠宝吗?

我曾经在朋友的聚会上结识了一位来自内蒙古的自驾游爱好者,他经常驱车远赴西藏。在聚会上,他滔滔不绝地讲述了他在西藏的种种奇遇,我们听得如痴如醉,仿佛跟随他一起穿越了那神秘的雪域高原。

　　因为是初次见面，他在不清楚我从事的就是珠宝行业的情况下，提起了西藏特有的天珠，详细地向我们描述了天珠的形状和颜色，以及藏族人民对它的喜爱。他告诉我们，如果我们有机会去西藏，他可以帮助我们联系售卖纯正的天珠的商家。他给我们看过商家的朋友圈，也讲了很多天珠文化的故事。我知道他是出于朋友之间分享的好意，但我当时毕竟年轻气盛，懂一些珠宝知识，于是也想卖弄一下。

天珠

我告诉他："很多在西藏景区出售的特色首饰，其实并非来自西藏。例如，天珠在珠宝学中有个专业的名字，叫'蚀花玛瑙'。很可能，这些所谓的特产，都是从义乌、广州或台湾运过去的。"我的这番话使得聚会的气氛顿时变得有些尴尬。

我发现其实很多外行的朋友并不了解实情。我身边有一位朋友去西藏旅行，花了六位数，购买了一些特产，然而，后来他才发现这些特产都是假的。这让我突然意识到很多旅游区仍然有各种各样的骗局正在上演。

刚刚我们讲到天珠，也提到了蚀花玛瑙。这种蚀花玛瑙，本身的材质就是玛瑙或者玉髓。先用强酸腐蚀之后，再涂上含铅的涂料，其实它是一种以工艺为卖点的首饰。当然，很多朋友会提到天珠曾经在唐朝颇有价值，可是现在我们在市场上，尤其在旅游区看到的这些天珠，几乎都是现代加工而成的。若只是引用一些历史文化知识，就抬高市场上随处可见的低成本首饰的价格，就显得过分了一些。

既然我们讲到西藏，不妨统计一下，看在当地能买到哪些特产。在西藏，可以买到蜜蜡、绿松石、玛瑙、藏银、珊瑚、牦牛骨、石榴石、三色铜、贝壳等。有些一看就是当地的特产，比如牦牛骨，做成工艺品会有原汁原味的民族风情。这种工艺品，是很值得购买、收藏的。但有很多所谓的特产，明显不是当地出产的。我建议大家一定要谨慎，无论商家说得多么天花乱坠，只把它当成低成本首饰，当成旅游纪念品，切勿把它当成贵重珠宝。里面的水很深，局外人把握不住。

由于我之前开过银饰店，所以对银器的知识比较了解。在藏族文化中，"藏银"这个名词常常被提到，它指的是含银量较低的银制品，通常会镶嵌一些合成宝石或者低端的宝石，工艺精美，设计独特，具有强烈的原始美感。对于体格健壮的男性来说，佩戴藏银首饰会增添一种粗犷的男性魅力。建议大家在购买时，根据自己的实际需要和预算，理性地选择。

藏银首饰

　　西藏当地人非常喜欢佩戴珊瑚首饰。他们的古铜色肌肤搭配珊瑚这种大色块的正红色,显得格外精神。这种炽热的红,会让人联想到太阳。这在当地文化里,具有非常重要的意义。但是由于文化习俗不同,我们只需要保持敬意与热情,不必觉得过于神秘。西藏属于我国海拔最高的地区,虽然地质学家认为西藏曾经是大海,但毕竟是很早以前的事情,所以不可能会有很多原生珊瑚,大多都是从沿海地区运输来的,比较昂贵。很多当地藏民戴的珊瑚,其实也并非天然的。

珊瑚首饰

　　在西藏，还有一种叫作"雪巴珠"的艺术品。它看起来像大大的冰糖葫芦，具有强烈的仪式感，象征着好运和长寿。然而，雪巴珠其实是一种琉璃，它的制作工艺在清代非常盛行，现在已经失传了。因此，即使商家宣传其文化和历史价值，大家仍要仔细分辨，谨防上当受骗。

　　关于珠宝首饰的骗局，在旅游景点要格外小心。到了景点快要逛完的时候，有可能会遇到免费抽奖的摊位。这些摊位上的货主说凭小票可以免费抽奖，特等奖是免费获得价值几万元的玉，再往下就是一等奖，奖品是价值几千元的金镶玉，中奖后要收取200—300元的工费或者手续费。

　　这里我要介绍一下金镶玉。最早的金镶玉，就是大名鼎鼎的传国玉玺，后来几经辗转，到王莽篡汉的时候，缺了一个边角，于是用黄金补上，这就是金镶玉的起源。在国内，很多老百姓的玉镯断裂后，会找工匠用黄金修补裂口，这也叫金镶玉。再往下推，就是市面上卖的金镶玉成品首饰。行内人大都了解，

雪巴珠手串

玉是尽量不做镶嵌用的。一般来说，完整的玉比用金补过的要值钱，因为用金遮挡住的地方大概率存在瑕疵，绝非只用金镶玉之名就能完全掩盖的。

这种抽奖的活动，用的都是最低档的边角料，然后在表面做了一层金箔，还有的版本会有一个亚克力壳。这种所谓的金镶玉，实际成本只有几十元，却卖几百元一个，利润非常可观。

在一些景区里，也有连金箔镶玉都没有的首饰。这是一种在亚克力或玻璃壳里面，装着用金箔做成的各种造型的首饰。这种首饰最早的版本是用 1 克的黄金，后来缩减成 0.1 克，慢慢演变成金箔的替代品。

在国外旅行时，同样存在上当受骗的可能性。在斯里兰卡，经常会有人拿着合成的蓝宝石，甚至将染色玻璃混在天然蓝宝石里给买家看。如果买家不懂

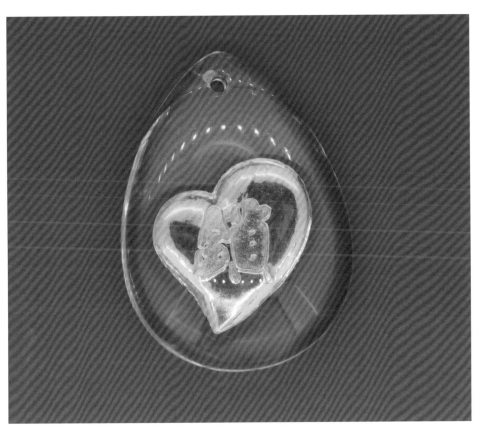

金箔首饰

宝石鉴定，很容易忽略一些品质还可以的宝石，最终挑到一颗看上去最干净的假货。另外，像人工优化或处理过的宝石，对外行人来讲是一个非常难懂的品类，即使资深从业者也很难仅凭肉眼去辨别。

在东南亚的珠宝店或者售卖市场，可能会遇到一些会讲中文的销售。他们在描述宝石的时候，会说"这颗是红宝石"，但实际上，他们的意思是这颗是红色系的宝石，也就是说这颗宝石未必是真正的红宝石[①]。大多数时候，他们是在

---

　　① 红宝石（Ruby）是颜色为中至深红色调的刚玉族宝石，主要成分是氧化铝（Al_2O_3）。莫氏硬度为 9。

故意混淆概念，忽悠国外旅客。另外，从价格上来讲，也是非常容易中招的。1克拉红宝石，如果是缅甸产地的未经热处理的高品质鸽血红，价格在 10 万元左右。但即使是天然的红宝石，如果经过了严重的酸洗填充，1 克拉只要几十元。这个跨度非常大，所以如果对这个行业不了解，对宝石系统知识不熟悉的话，那就非常容易上当受骗。

无论是在国内还是国外，虽然各种旅游景点都会有很多值得购买的纪念品首饰，但是如果遇到大讲文化、大讲概念的所谓当地的特色珠宝，或者免费抽奖、补差价的，一定要擦亮眼睛。旅游的重点是心情要好，可以购买一些纪念品首饰，但是郑重提醒大家，不要因此浪费太多钱，否则定会追悔莫及。

第六节　在网络上购买珠宝靠谱吗？

在这里，我想与大家分享两个与消费有关的知识点。第一个知识点，我们在网上购买的许多品牌服装，可能并不与线下店铺使用相同的面料，甚至可能不是由相同的生产线制造的。因此，如果你想买高品质的服装，一定要注意"线下同款"或"门店直发"等标签。第二个知识点与我们在直播间购买珠宝有关。我发现一些直播间在销售时，常使用这样一种方法：主播先仪式感十足地展示一件精挑细选的顶级样品，夸夸其谈，待观众产生购买欲望后，主播便宣称只剩下极少库存，并立刻提供购买入口。大家要谨记，主播展示的样品，可能并非你最终收到的实物。为达成销售目标，他们有时会展示品质上乘的宝石，而实际发货时，提供同重量、同类别，但品相稍逊的宝石。

这种误导消费者的手段屡见不鲜，严重损害了消费者权益，所以我恳请大家，尤其是在直播间购物时，务必保持清醒和审慎之心，了解自己的消费权利，避免上当受骗。

根据戴比尔斯、埃罗萨等大公司的年报，还有我们从行业内得到的一些信息来看，其实国内的珠宝行业还是蓬勃发展的，需求也非常旺盛，但是这几年全球新冠肺炎疫情让整体的行情有很大的波动，个别的市场会受到一些影响。另外，大部分宝石都依赖进口。我们常见的红宝石、蓝宝石、祖母绿、钻石、海水珍珠、尖晶石、沙弗莱、海蓝宝石等，大都是从国外进口的。很多的店铺都在慢慢转型，已经放弃了传统线下这个批发和零售渠道，都在疯狂地转移到线上。新冠肺炎疫情使得很多人的心态变了，消费习惯也变了，做生意的思路自然也就变了。以前，大部分消费者都是观望或者只买一些比较便宜的珠宝，但新冠肺炎疫情后珠宝的线上销售变得越来越好，销量也节节攀升。

前几年，大家扎堆在淘宝、京东等比较传统的电商平台。最近，所有的珠宝企业都在研究新媒体工具，比如微博、微信视频号、抖音、小红书、B站等，也有部分企业进驻了蘑菇街这类比较冷门的平台。很多中小公司都组建了自己的新媒体团队，大型珠宝企业则更加努力地瓜分新媒体这块大蛋糕，包括周大福、钻石世家、周六福等企业，它们在新媒体上所展现出来的品牌形象，相比过往更加立体。

除此之外，大家也在疯狂地尝试进驻直播平台，很多公司不管自己适不适合做直播，都把直播当作救命稻草，疯狂地在直播间销售产品。新冠肺炎疫情刚暴发的时候，很多线下门店基本上处于没有客户上门的状态，店员就自己在抖音或者其他平台上注册账号，开始做直播和短视频推广。公司的总部也开始组建自己的直播团队，有的请达人直播带货，有的则是自己开店直播。其实从整体来看，珠宝行业的直播做得并不好。

某短视频平台直播间的珠宝类目，退货率长期超过70%。如果大家做过短视频，就知道并不是随便发个视频就有人看，也不是只要开了直播间就有流量，其实很多时候都需要花高昂的推广费用，再加上运营和库存的压力，很多公司都发现其实会有很多压缩不了的成本。这些成本转移到商品上，就会有商家通过降低产品品质的手段来增加利润。举个简单的例子，我们作为珠宝商，在采购的时候，用我们的行话来说，采购一买就买"一手"，意思就是一买就要买一

直播现场

整批宝石。这一批宝石的质量肯定是参差不齐、有好有坏的，我们把里面颜色特别好、净度和切工都很好的宝石称为货头，反之，一些品质差的宝石则称为货尾。绝大多数批发商都是通过好坏参半的方式打包销售的，否则一些品质差的宝石就会长期积压在手里，卖不出去。这也导致了很多做线上直播销售的珠宝公司挂羊头卖狗肉，实际发货的时候，就会出现偷梁换柱的情况，甚至直接以次充好。这样，直播间的退货率居高不下，长此以往就形成了恶性循环。

　　我建议大家线上购物的时候，首先选择自己听过、看过和信得过的品牌。哪怕是它们授权给别人去直播，但因为品牌本身具备影响力，平台审核的过程相对会更加严格。除此之外，要选择比较大、比较规范的平台，不要轻信那些不熟悉的平台和商户。还有就是尽量选择套路比较少的店铺和直播间。其实只要长期观察，大家都能看出很多猫腻，尽量避开一些商业套路就好了。

成包的质量参差不齐的尖晶石原石

　　关于这点，我建议选择支持无理由退换的商家。买到实物后，在不同光源下仔细查看，室内室外都看一下，确认品质后再确认收货。如果不是自己想要的，就赶紧退换。最后记得向商家索要发票，规范经营的商家都有开具发票的服务。如果商家不愿意开发票，那还是小心一点为好。

第七节 珠宝真的保值吗？

　　相比黄金，大部分的珠宝不仅可以增值，更有甚者，可以跑赢通货膨胀。举个例子，2006年2月，佳士得在圣莫里兹拍卖时，一颗8.62克拉的无烧鸽血红经历了20多分钟的激烈竞拍，最终以约363万美元的高价成交。2014年，它又一次出现在拍卖会上，时隔8年，它拍出了约850万美元的天价，8年增值498万美元。这样的案例屡见不鲜，但主要发生在珠宝从业者和一些高级玩家身上，行外的朋友往往把握不住这样的机遇。

高品质鸽血红

　　马克思曾说过："金银天然不是货币，但货币天然是金银。"这有一个非常容易被人忽视的地方，国际金价和首饰金价是不同的概念。大家可以在网上搜一下国际金价，你会发现是400—500元，但如果去一些黄金珠宝店，店里金价牌上写的有可能是600元左右，这个价格就是我们说的首饰金价。然后，在这个600元左右的基础上，还要加上工费，才是最终到手的黄金首饰的单价。

　　我们买的时候，是在首饰金价上加上加工费来计算的，但回收的时候，是在国际金价的基础上，再去掉一点损耗来计算的，这中间免不了产生价格差。

足金首饰

实际上，国际金价是在一定的价格范围里浮动的。普通的黄金首饰，加工费不会太高，价格自然比较低；但如果是古法金等工艺比较复杂的黄金首饰，加工费本身就高，那价格自然也不会低。我们买黄金首饰，价格大概是每克 600 元，当我们卖出的时候，每克在 400—500 元这个区间。虽然亏一点点，但黄金是公认的容易变现的贵金属。要和大家解释清楚的是，用黄金首饰投资非常不划算，最划算的方式是在金价较低的时候，用现金买金条，等价格合适的时候，再把它卖掉折现。

不可否认的是，黄金几乎没办法跑赢通货膨胀。购买黄金首饰只能保值，增值肯定是没办法的，所以如果本意是买来佩戴，没有随时折现的需求，哪怕不能赚钱，至少也不会亏损太多，所以我建议小伙伴购买黄金首饰。但如果你的想法是买来戴个几年，等以后金价上涨再卖掉变现，企图通过这种方式小赚一笔，那我劝你还是放弃这个不切实际的想法。

最近这几年，钻石涨价非常明显，彩色宝石涨价则更是夸张，如彩色蓝宝石、尖晶石等品类的价格翻了一番还不止。我们回看最近几年甚至十几年、几十年，除了少量品类的价格会有浮动，大部分品类都稳中有升。涨价背后的原因很复杂，是不以人的主观意志为转移的。在国内零售市场上看钻石、红宝石、蓝宝石、祖母绿这几个贵重的宝石品类，涨价幅度每年为 5%—30%，当然也会存在价格回调的情况。例如，钻石在 2023 年的价格低点相较 2022 年的价格高点而言，回落了很多，但异形钻和彩钻几乎没有受到影响。从长远的角度来看，短期内的价格震荡下跌属于正常现象，主要的原因就在于供应和需求的关系。抛开钻石不谈，彩色宝石的表现非常优秀，尤其是高品质的红宝石和蓝宝石，2023 年的价格几乎是 2022 年价格的两倍。无论是在拍卖行还是在二手市场，都能看出贵重宝石展现出很高的投资回报率。

看到这里，你是不是有了想要囤些贵重宝石的冲动？但我还是要很负责任地告诉大家，先冷静冷静。我们不妨来预设一个场景，商家甲有一颗成本 8000 元的红宝石，客户乙买到的价格是 1 万元，去掉员工、房租、税费等各类成本，实际净利润可能还不到 5%。过了一段时间，客户乙觉得这颗红宝石她已经看腻了，想要把它卖掉折现，于是找到了一个做珠宝回收生意的商家丙。客户乙把红宝石和发票给了商家丙，但丙估价的时候，只会拿发票参考一下，因为他很了解市场行情。丙按照 8000 元估价，哪怕按照上游的成本，同等品质的红宝石已经涨到 9000 元，丙也不可能按照 9000 元来估价，会说这颗宝石值 8000 元，而且由于它是二手的，不值钱，所以要在 8000 元的基础上打个七折，那么乙实际上拿到的报价就是 5600 元。买的时候是 1 万元，卖的时候是 5600 元，客户乙的第一个反应肯定是红宝石不值钱或者不保值。

彩色宝石戒指

但这个故事还没有完。做回收生意的商家丙，在客户乙面前扮演一个做珠宝回收生意的商家，但在同行的面前，他极有可能是一个供应商的角色。他回收红宝石的价格是5600元，然后他就会把这颗红宝石重新抛光、做证书后，进行售卖，恰好又卖回给了商家甲。这个时候，批发市场的红宝石已经涨到了9000元，商家丙就以9000元卖给了商家甲。一颗红宝石转了一大圈，商家丙大赚一笔，商家甲小赚一笔，客户乙就会觉得吃亏。这就是看起来荒诞离奇，但在珠宝圈里每天都在发生的事情。

如果钻石和彩色宝石，只要品质好、证书是新的，理论上是可以无限次地在市场里流通的，所以买钻石和彩色宝石的小伙伴们，假如喜欢某颗宝石，而且买得起，即使戴了一段时间后不喜欢了，考虑传给下一代或者赠送亲戚朋友，这个心态是非常好的；假如对某颗宝石不是特别喜欢，买回来后，只想等着它涨价之后再转手卖出去，那我建议大家多花点时间了解一下苏富比、佳士得、保利等拍卖行。在比较高级的珠宝流通市场渠道，这种方法是可行的，但是在普通的消费级市场就不太可行，即使这颗宝石会涨价很多，因为普通人没有掌握合适的流通渠道和信息，所以很难以非常低的价格购入，再以非常高的价格卖出，自然就会感觉宝石不保值。

彩色宝石

最后，用一句话总结经验：黄金容易变现，但往往无法跑赢通货膨胀。大部分宝石是可以增值甚至跑赢通货膨胀的，但主要针对珠宝从业者和一些高级玩家，对行外的朋友不太友好。

第八节　结婚纪念日对应的宝石

结婚纪念日对应宝石的说法众多，本节将简要介绍市面上较为常见的说法，以供购买纪念日礼物的消费者参考。

结婚一周年被称为纸婚，寓意是婚姻关系如同一张薄纸，需要小心呵护，因此，对应的是硬度相对较低的黄金。黄金，许多人对其都非常熟悉。市面上有多种黄金，如千足金、万足金、3D 金、4D 金、5D 金以及采用古法工艺制作的金器。若是为了庆祝一周年结婚纪念日，黄金首饰无疑是优选，不仅可以作为首饰佩戴，还具有保值属性。

结婚第二周年是棉婚，寓意是婚姻仍须磨炼，对应的宝石是"信仰之石"——石榴石。石榴石种类丰富，如镁铝榴石、铁铝榴石、锰铝榴石、钙铝榴石、钙铁榴石、钙铬榴石等，颜色繁多，包括红色、粉红色、紫红色、橙红色、黄色、橘黄色、蜜黄色、褐黄色、翠绿色、橄榄绿色、黄绿色等。石榴石还可能展现星光效应、变色效应和猫眼效应，品类之丰富令人叹为观止。

结婚三周年是皮革婚，寓意是婚姻关系开始变得有韧性，对应的宝石是珍珠。珍珠可细分为海水珠和淡水珠，按形状分类有圆形珠和异形珠，还可分为有核珍珠和无核珍珠。珍珠的颜色也多种多样，包括白色、灰色、金色、绿色和黑色等。珍珠品类丰富，可以根据个人预算和佩戴需求进行选择。

结婚四周年是丝婚，寓意是如丝般柔韧，正是你侬我侬之时，对应的宝石是托帕石。托帕石又名黄玉，一般有无色、黄棕色、褐黄色、浅蓝色、蓝色、粉红色、褐红色、绿色等。和碧玺一样，托帕石具有双色性，一块托帕石上可

石榴石

珍珠首饰

能同时出现两种颜色，我们称之为"双色黄玉"。在自然界中，带有天然蓝色的托帕石非常稀少。无色托帕石经过辐射，形成了令人目眩神迷的效果，它宁静的蓝色让人联想到和谐美好的婚姻。希腊人相信，托帕石给人带来力量，而文艺复兴时期的欧洲人则认为，它能打破魔法咒语，还能驱除愤怒情绪。今天，有些人相信，托帕石会给人带来成功和富足。如果不怎么喜欢蓝色，还可以选择其他颜色的托帕石，这种宝石有许多美丽的颜色。

　　结婚五周年是木婚，寓意是夫妻之间的关系变得更为坚韧，对应的宝石是蓝宝石。蓝宝石属于刚玉家族，是公认的珍贵彩色宝石。蓝宝石的定义是除去红宝石以外的其他所有的刚玉宝石，颜色十分丰富，且韧度和硬度都很优秀，象征着婚姻能够经得起时间的考验。古希腊和古罗马的国王和王后确信，蓝宝石可以让他们远离伤害。中世纪的神职人员认为蓝宝石象征天堂，信徒则认为蓝宝石可以吸引天上的祝福。

托帕石首饰

结婚六周年是铁婚，寓意是夫妻感情如铁般坚硬永固，对应的宝石是紫水晶。我们现在一提到水晶，就会觉得应该挺便宜的，其实在古代，紫水晶是一种等级比较高的宝石。紫水晶的颜色非常浓郁，而且净度非常高，同样的预算，可以买到很大、很完美的紫水晶，非常适合作为礼物送给心爱的人。

紫水晶首饰

结婚七周年是铜婚，铜相比铁而言，更不易生锈，铜婚的寓意是婚姻关系坚不可摧，对应的宝石是玛瑙。它是带有条状带构造的隐晶质石英质玉石。按照颜色，可以分为白玛瑙、红玛瑙、绿玛瑙、黑玛瑙等品种；按照纹理、杂质、包裹体分类，可分为缟玛瑙、苔纹玛瑙、火玛瑙、水胆玛瑙。南京的雨花石其实也是玛瑙。玛瑙的品类多种多样，价格亲民，很适合作为日常饰品来佩戴。玛瑙在古代传说中有美好寓意，例如，古希腊人视其为护身符，让船员远离溺水；一位13世纪的作家认为它能带来健康，保佑诉讼成功和出行平安；而18世纪的信徒则认为它能将海湾里的幽灵和幻影驱散。

结婚八周年是陶婚，寓意是如陶瓷般美丽，看似坚韧美丽，却也易碎，仍需要好好呵护，对应的宝石是碧玺。碧玺的矿物学名称是电气石，它的化学式

红玛瑙吊坠

复杂得令人头疼。大家不妨考一下身边学宝石学或者学化学的朋友，问其是否能默写出碧玺的化学式。碧玺可以细分为镁电气石、黑电气石、锂电气石、钠锰电气石。它的颜色非常丰富，耐久性好，净度也非常高，是一种非常值得推荐的宝石。碧玺最先在 16 世纪由西班牙征服者发现于巴西，但 4 个多世纪以来，它都被误认作祖母绿，直到科学家发现它的不同特征。清代慈禧太后十分偏爱碧玺，美国加利福尼亚州出产的大多数上乘碧玺都被进贡给了她和清宫。

　　结婚九周年是柳婚，寓意是爱情就像柳树一样，无论是风吹还是日晒，都无所畏惧，对应的宝石是青金石。真爱难寻，青金石也是如此，它最重要的产地是阿富汗的巴达赫尚省。在贫瘠山区，青金石原石被开采出来，然后运到世界各地。今天仍在运营的青金石矿，早在公元前 7000 年就已开始开采，是世界上已知最古老的商业宝石的源头。青金石呈现中至深蓝色或紫蓝色，常有铜黄色的黄铁矿、白色方解石、墨绿色透辉石等组成的色斑，一般会做成珠串、小吊牌之类，男生佩戴青金石很显气质。在古代，人们经常会把蓝宝石和青金石混在一起，觉得它们是同一种宝石，所以在历史文献中看到的很多蓝宝石，本质上是青金石。

青金石

　　结婚十周年是锡婚，寓意是爱情如同锡器一般坚固，不易破损，对应的宝石是至坚至硬、璀璨生辉的钻石。它的矿物名称为金刚石。俗语说，"没有金刚钻，别揽瓷器活"，金刚钻指的就是钻石。钻石是自然界中最硬的物质，源于地球的深处，常常被用来象征永恒不变的爱情。因此，在结婚十周年的时候，送上一颗钻石作为礼物，无疑是表达爱意的非常好的选择。

　　结婚十一周年是钢婚，寓意是夫妻之间的爱情坚硬如钢，对应的宝石是绿松石。绿松石也被称为"土耳其玉"，呈独特的天蓝色，颜色非常的浓郁。常见的颜色为浅至中等蓝色、绿蓝色至绿色，常伴有白色细纹、斑点、褐黑色的铁线或暗色的矿物杂质，属于不透明的宝石，经常出现在旅游区的纪念品首饰上。绿松石的产地很多，湖北、河南、陕西就有非常优质的绿松石出产，中国有悠久的绿松石文化。

绿松石首饰

　　结婚十二周年是链婚，寓意是夫妻之间的爱情如链条一般环环相扣，对应的宝石是被称为"玉石之王"的翡翠。这是我们中国人非常喜欢的一种宝石，常见颜色有白色、绿色、红色、黄色、紫色、黑色、灰色等，在市面上有红翡、绿翠、紫罗兰的说法。翡翠珠宝最常见的是手镯、吊坠、戒指和珠串。评判翡翠，常会提到"翠性"和"水头"等关键词。与钻石等宝石不同，翡翠的鉴定和分级非常复杂，且镜头效果往往优于实物，所以购买时，必须当场确认实物。

翡翠首饰

结婚十三周年是花边婚，寓意是夫妻共同度过的生活多姿多彩、丰富多样，对应的宝石是"财富之石"——黄水晶。黄水晶有多种颜色，包括浅黄色、黄色、金黄色、褐黄色、橙黄色。由于本身具有多色性，所以市面上存在双色的黄水晶。有人认为黄水晶具有招财的作用，这可能是因为其颜色与黄金接近所致。

黄水晶

结婚十四周年是象牙婚，寓意是随着时间的推移，夫妻之间的感情如象牙般越来越光亮润泽，对应的宝石是欧泊。欧泊的种类繁多，包括黑欧泊、白欧泊、火欧泊和晶质欧泊。欧泊呈现出的色彩丰富多样，犹如画家的调色盘，又如孔雀尾羽般艳丽。欧泊的比重比较小，同等的重量，它的体积明显比其他的宝石要大一些，所以欧泊非常适合用来定制胸针。

结婚十五周年是水晶婚，寓意是透明且光彩夺目，对应的宝石是红宝石。中到深红色的刚玉统称为红宝石。在《圣经》中，红宝石是所有宝石里最珍贵的。其实红宝石的颜色是有一定范围的，鸽血红只是红色里边的一种。除了鸽血红之外，其他的颜色也很值得推荐，比如橙红色、紫红色、褐红色或颜色偏浅的红，颜值都是很高的。

结婚十六周年，对应的宝石是橄榄石。颜色主要是中到深的草绿色，还有黄绿色、褐绿色和绿褐色。通常，市面上容易把橄榄石和绿色碧玺、绿色锆石、绿色透辉石、硼铝镁石、金绿宝石和钙铝榴石弄混。橄榄石是一种价位非常亲民的宝石。橄榄石常见于中低端饰品上，它的产量大、颜色浓郁以及净度较高，是一种非常值得推荐的入门级彩色宝石。

欧泊

橄榄石耳钉

结婚十七周年，对应的是手表。可根据自身喜好和预算，选择不同品牌的手表作为礼物。

结婚十八周年，对应的宝石是猫眼。猫眼，顾名思义就是非常像猫的眼睛，充满了灵气。它属于金绿宝石家族，是传统的五大名贵宝石之一。颜色主要为黄色、黄绿色、灰绿色、褐色、褐黄色等。

结婚十九周年，对应的宝石是海蓝宝石。它与祖母绿是姐妹的关系，都是绿柱石家族的成员。因为它们的形成原因不一样，所以常见的海蓝宝石的体积会大一点，而且净度也比较高。如果喜欢这种大克拉的宝石，可以在纪念日的当天，将其作为礼物，赠送给最亲爱的人。高品质颜色的海蓝宝石有个商用名称，叫作圣玛利亚色海蓝宝[①]。

海蓝宝首饰

　　结婚二十周年是瓷婚，寓意是光滑无瑕，需要呵护，对应的宝石是祖母绿。前面提到很多宝石时，都会提一下祖母绿，因为它是绕不过去的高级宝石。而且很多人在结婚二十周年纪念日的时候，正是预算适合买高级宝石的时候。祖母绿的颜色可以提亮肤色，很适合亚洲人佩戴。

　　结婚二十五周年是银婚，寓意是爱情已经拥有了恒久的价值，是婚后的第一个大庆祝时间点，所以二十五周年结婚纪念日对应的是银饰品。银是一种人

---

　　①　圣玛利亚色海蓝宝（Santa Maria Aquamarine）为市场上的商用名称，一般把颜色明亮、湛蓝、不带棕（黄）色调、产自巴西圣玛利亚矿的海蓝宝石命名为圣玛利亚（Santa Maria）。在国标里，没有这个命名。

祖母绿首饰

们非常熟悉的贵金属。在古代，银是非常重要的货币。市面上常见的银成色标记有千足银、万足银和 925 银等，其中 925 银表示该银饰的含银量为 92.5％，另外还有一定量的补口金属，与 K 金的成色表示方式相似。这些金属可以控制饰品的颜色和硬度。因为银是比较软的金属，如果做成耳环、项链之类的首饰，或者镶嵌宝石的时候，容易变形，或者出现掉石的情况，用 925 银镶嵌比较牢固，也不容易变形。结婚二十五周年大概是 50 岁，如果年轻人给长辈买礼物，可以选一对非常漂亮的银手镯。

结婚三十周年是珍珠婚，寓意是婚姻如同珍珠一般浑圆、美丽、珍贵，对应的宝石是珍珠。珍珠第二次出现，结婚三十周年时，正好脱离了工作，刚刚退休，算是一个比较空闲的状态。穿着漂亮的连衣裙或者改良的旗袍，搭配珍珠，非常雍容华贵。

结婚三十五周年是珊瑚婚，寓意是此时的婚姻嫣红而宝贵，对应的宝石是珊瑚。珊瑚被视为祥瑞幸福之物，代表着高贵与权势，是幸福和永恒的象征。珊瑚的颜色主要是红色，非常漂亮，而且非常适合这个年纪的女性佩戴。但是市面上的珊瑚造假实在是太多了，比如用海竹或者草珊瑚染色。市面上有一种吉尔森珊瑚，其实并不是天然珊瑚，它是用方解石的粉末，加上一些染料，在高温高压的环境中压制而成的。除了吉尔森珊瑚，还有一些塑料、贝壳、大理石、玻璃等仿制品。

结婚四十周年是红宝石婚，所以对应的宝石是红宝石。红宝石又出现了一次，作为"爱情之石"，它象征着夫妻美满亲和的关系，就像传说中的火焰一样，永不熄灭。

红宝石首饰

结婚四十五周年是蓝宝石婚，寓意是彼此之间的爱情珍贵灿烂，值得好好珍惜。蓝宝石又出现了一次。结婚四十五周年，彼此的关系早已变得无比亲密，风雨历程过后，可以选择一颗非常值得收藏或者有传家宝属性的蓝宝石。戴安娜王妃在结婚的时候，选中一枚蓝宝石戒指作为婚戒。她过世之后，这枚戒指作为遗物留给了她的儿子。她儿子在结婚的时候，想让他的母亲以另外一种形式参加他的婚礼，所以他的夫人，也就是凯特王妃在结婚时戴的婚戒，就是当时的那一枚蓝宝石戒指。它除了宝石的贵重，更多了一份传承的意义。

结婚五十周年是金婚，寓意是爱情至高无上。金婚是婚后第二个大庆祝时间点，象征情比金坚、历久弥新。金婚对应的是黄金，黄金也代表着永恒。在婚姻中，它象征情比金坚。黄金是一种非常特别的金属，比重特别大，延展性非常好，稳定性极高，再加上它本身又有货币属性，所以特别适合作为礼物。

结婚五十五周年是绿宝石婚。在宝石学中，并不存在绿宝石，大家常说的绿宝石要么指的是翡翠，要么指的是祖母绿。因此，五十五周年结婚纪念日通常对应的宝石是翡翠。是的，翡翠又出现了一次。还有另外一种说法，五十五周年结婚纪念日对应的是猫眼。猫眼又有寻梦石、祝福石的叫法。

钻石戒指

结婚六十周年是钻石婚，这是一生中最重要的大庆祝时间点，寓意是今生无悔，所以它对应的宝石也是钻石。没有错，钻石又出现了一次。钻石是爱和承诺的永恒象征。钻石在地球的内部承受了无数次高温高压，而且需要特别长的时间才能形成，这和我们的爱情一样，虽然经历了很多磨难，但是依旧形成了最美的结晶。

如果夫妻一路历经风雨，相互扶持到老，走过六十年的爱情旅途，这是非常值得珍惜的。此刻无论送什么，都将是满满的爱与回忆。

总之，在选购宝石之前，消费者应该提前学习相关的基础知识，对宝石的属性、品质标准等有充分的了解。这样可以避免选择不当，确保购得优质的宝石，获得物超所值的购物体验。掌握专业知识是选购成功的关键。

第九节　用权威数据了解珠宝行业

很多行外的朋友对珠宝行业的了解并不多，我们不妨一起看看近几年的行业数据，以对珠宝行业产生更深的了解。

我想先给大家普及一点与大众认知相悖的小知识。如果提到钻石，想必大部分人的第一反应是钻石供应量最大的国家是南非，但事实并非如此，不同国家的钻石供应量由高到低排列是俄罗斯、博茨瓦纳、加拿大、刚果，然后才是南非、安哥拉和澳大利亚。如果提到矿业公司，很多人脑海里都会蹦出戴比尔斯，因为戴比尔斯的"钻石恒久远，一颗永流传"实在是太深入人心了，但是，时至今日，供应量最大的公司实际上是俄罗斯的埃罗萨，其次才是戴比尔斯。戴比尔斯的占比实际上只有28%左右，它早已不再是占比90%的行业巨头了，戴比尔斯一家独大的年代也早已成为历史。很多小伙伴看不起印度，或者不太愿意了解印度，但在珠宝行业，印度的地位是比中国高很多的，从全球毛坯钻石的进口总量和进口总额来看，第一名都是印度，印度在国际钻石界的话语权也越来越大了。

2020年，全球毛坯钻石的销售额只有90亿美元左右，同比下降了31%，也就是说新冠肺炎疫情对珠宝行业的冲击还是非常大的；但是，2021年，这个

钻石毛坯

印度钻石交易中心

数据马上就有了很大的变化，销售额达到了 140 亿美元，同比增长了 62%，毛坯钻石的价格也同比增长了 21%。从毛坯钻石的价格来看，2019—2020 年，不同重量段的毛坯钻石的价格小幅下降。从 2021 年末到 2022 年初，受强劲的消费需求和库存消耗的双重影响，价格出现较大幅度的上升，达到历史新高。而 2022 年因新冠肺炎疫情、经济、政治等因素的影响，价格呈现不同程度的下跌。

在成品钻石切割和贸易方面，我们经常会提到比利时的安特卫普、印度的孟买、以色列的特拉维夫。其实美国和中国也有举足轻重的地位，前些年，行业内都预测中国的切割水平和贸易地位会非常高，但随着人工成本的不断攀升，我国的优势并没有建立起来，印度却抓住了重要的时间窗口，牢牢地站稳了脚跟。2021 年，印度成品钻石进出口贸易额都在 78 亿美元左右。2022 年，印度成品钻石出口额达到 242 亿美元，进口额为 189 亿美元，产生了巨大的贸易顺差。

从 2018 年至 2022 年成品钻石价格指数图来看，市场份额排名前三的成品品类都是圆钻，份额超过 27%。其中，市场份额最大的是 1—1.49 克拉的圆形钻石，占比 12%。从 2018 年至 2021 年，虽受中美贸易摩擦以及新冠肺炎疫情的强大冲击，但成品钻石的价格指数整体呈现稳中略升的状态。从 2021 年 11 月开始，指数急剧上升，并于 2022 年 3 月达到峰值，涨幅高达 21%。

全球珠宝首饰市场由奢华珠宝、钻石首饰、高级珠宝和大众首饰构成，全世界钻石首饰零售市场最大的是美国，中国排名第二，第三名则是欧盟，第四名是日本，第五名是印度。

培育钻石这两年一直是行内外关注的焦点。2020 年，全球培育钻石毛坯总产量为 720 万克拉，中国的产量为 300 万克拉，占 42%。2021 年，全球的总产量为 900 万克拉，同比增长 25%。大家经常说培育钻石 90% 以上来自中国河南，但实际上没有那么多。

2021 年，全球钻石首饰的市场份额为 840 亿美元，约占珠宝首饰市场份额的 26%，培育钻石的市场份额为 44 亿美元，同比增长 167%。

2018 年至 2021 年，培育钻石毛坯进口额从 0.8 亿美元突增至 11 亿美元，年复合增长率高达 141％。2018 年至 2021 年，培育钻石成品出口额从 1.2 亿美元突增至 11 亿美元，增长了近 10 倍，年复合增长率高达 114％。这是非常夸张的数据。

虽然增长得极快，但国内消费者还是很少能见到或者买到培育钻石，这可以看得出培育钻石的市场认知度和接受度在未来有非常大的增长空间。

从 2016 年起，培育钻石与天然钻石的价格差距逐渐拉大。截至 2022 年 8 月，0.5 克拉培育钻石的价格为天然钻石价格的 1/2；1 克拉培育钻石的价格为天然钻石价格的 1/3；1.5—3 克拉培育钻石的价格低于天然钻石价格的 1/5。到了 2023 年，市场上培育钻石的价格再次骤跌，1 克拉中高级品质的培育钻石已经下探到不到 2000 元人民币。随着产能的不断提高，培育钻石的价格仍有下探空间。

我们预测，在未来几年，全球培育钻石的销量和渗透率都会稳定攀升，并于 2025 年销量突破 2500 万克拉，渗透率超过 18％，而且价格也能达到消费者能够接受的水平。

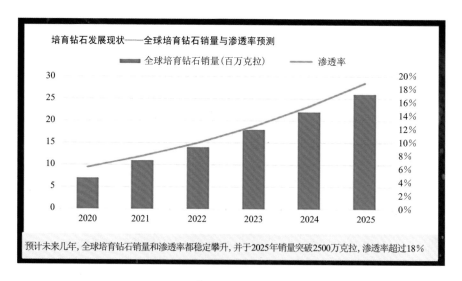

培育钻石发展现状

全球毛坯钻石在新冠肺炎疫情和美元加息、俄罗斯受制裁的大背景下，受强劲的消费需求和库存消耗的影响，近几年价格波动非常大，市场目前保持谨慎态度。培育钻石贸易量近年来高速增长，可能是未来几年珠宝行业表现最突出的板块。

看完了这些数据，你有没有觉得和想象中的珠宝行业有不一样的地方？

 ## 第十节　珠宝为什么不停涨价？

珠宝是人类文明的一种象征，也是一种美丽的装饰品。珠宝的主要材料是各种宝石，它们有着独特的色彩、光泽，让人们为之倾倒。但是，近些年来，我们发现很多宝石的价格都在不断上涨，有些甚至涨到了天价，这究竟是为什么呢？

从宏观层面分析，有以下几点原因。

第一，原材料供应量大幅减少。珠宝的原材料主要包括黄金、白银、铂金、钻石和彩色宝石等。这些原材料的开采和加工都需要大量的人力、物力和资金投入，而且随着资源的开采，可利用的储量也在不断减少。例如，钻石的产地主要集中在非洲、俄罗斯和加拿大等地，但这些地方的钻石开采已经进入了衰退期，新的大型钻石矿床也很难发现。彩色宝石的产量也受到了地质条件、政治局势和环境保护等因素的限制。因此，珠宝的供应量相对稳定或下降，而需求量却在增长，导致供不应求，价格上涨。珠宝的原材料价格受到国际市场价格的波动影响，其中黄金等贵金属价格受到美元汇率、通货膨胀、地缘政治等因素的影响。珠宝的加工成本也随着人工、设备、运输等费用的上涨而增加。因此，珠宝的成本增加导致价格上涨。

第二，消费升级，消费者的需求和偏好发生变化，对彩色宝石的需求越来越大。随着经济社会的发展和人们生活水平的提高，消费者购买珠宝不仅仅是为了满足基本的装饰需求，更多的是为了展示个性、品位和情感等。珠宝作为一种奢侈品，其销售受到消费者的品位、审美、价值观等因素的影响。近年来，

珠宝首饰

消费者的偏好发生了一些变化，具体表现为如下几个方面。

更加注重个性化和定制化。很多消费者不再喜欢千篇一律的珠宝产品，而是希望能够根据自己的喜好、风格、场合等选择或定制独一无二的珠宝。这也促进了珠宝设计师和工匠的创新，提高了珠宝的附加值和艺术性。

更加关注品牌和故事。消费者不仅看重珠宝的质量和价格，也看重珠宝的品牌和背后的故事。一个有影响力和信誉的品牌，可以提升珠宝的形象和价值，也可以增强消费者的信任和忠诚度。一个有意义和感染力的故事，可以让珠宝更加有灵魂和温度，也可以激发消费者的情感共鸣。

更加追求环保和社会责任。消费者越来越关心珠宝的来源、加工、销售等过程是否符合环保标准和社会责任的要求。例如，是否使用了可持续开采的原材料，是否遵守了公平贸易的原则，是否尊重当地社区和文化，是否支持慈善

彩色宝石首饰

和公益事业等，这些因素都会影响消费者对珠宝的认知和评价。

　　因此，消费者对珠宝的品质、设计、创意和故事等方面有了更高的要求，对一些稀有、美丽、有意义的宝石有了更强烈的追求。

　　第三，受新冠肺炎疫情以及政治因素的影响，珠宝在短时间内的价格暴涨。新冠肺炎疫情对珠宝行业造成了巨大的冲击，新冠肺炎疫情期间，全球范围内的人口流动和聚集受到了严格的限制，导致珠宝行业的门店停业或者部分闭店、线下零售客流量大幅减少、消费需求降低等问题。同时，新冠肺炎疫情也影响了珠宝行业的供应链，造成了原材料、运输、加工等环节的延迟或者中断，导致了供不应求的局面。这些因素都使得珠宝行业的成本上升、收入下降，进而拉高了宝石的价格。政治局势对珠宝行业也有一定的影响。由于很多宝石产自一些政治动荡或者战乱频发的国家或地区，例如缅甸、阿富汗、刚果等，这些地方的政治风险会影响宝石的开采、运输和贸易等环节，增加了宝石的稀缺性

珠宝产品

和风险溢价。我国高品质的彩色宝石主要依赖进口，主要的进口地有斯里兰卡、马达加斯加、印度、缅甸、越南、泰国等。回顾从 2020 年到 2022 年这三年，斯里兰卡经历了政府破产，马达加斯加的情况也不乐观。再加上美元加息，很多货币都处于被动贬值的情况。部分天然宝石的产量本来就不高，高品质的宝石更是可遇不可求，诸多因素的叠加导致了彩色宝石出现供不应求的情况，价格自然而然就会不断上涨。

这些因素都促进了消费者对于高端珠宝的消费升级，推动了一些稀缺品种或者新兴品种的宝石价格上涨。得出这样的结论后，我想再请大家跟我一起思考一个问题：所有的宝石都会一直涨价吗？答案当然是否定的。一些较低端或是品质较差的宝石，价格就很难上涨。哪怕是作为五大贵重宝石之一的红宝石，在历史上也出现过断崖式跌价的情况，但持续的时间非常短。这是为什么呢？让我们一起把目光聚焦到 2009 年的曼谷。

曼谷作为全球红宝石、蓝宝石的交易中心和流通枢纽，无论是何产地的红宝石、蓝宝石，在流通的环节都需要到此一游。2009 年底，一大批高品质的莫桑比克红宝石突然席卷了整个泰国市场。GRS 宝石鉴定机构也为这些颜色鲜亮、净度优秀的红宝石出具了鸽血红的评级。由于大多数的莫桑比克红宝石都是通过无牌渠道流入市场的，所以价格非常便宜，人们就理所当然地认为红宝石大降价了。

事实上，并非红宝石降价了，而是上游供应链突然多出了一批平价的高品质红宝石。这个局面一直持续到 2011 年，英国的跨国公司 Gemfields 接管并控制了莫桑比克绝大多数的红宝石矿区，才算正式结束。

2014 年 6 月，在 Gemfields 的推动下，莫桑比克红宝石的原料进入了拍卖行。在短短 4 年的时间里，总计出售了 347.44 万克拉的红宝石原石，共计 1.76 亿美元。看历年拍卖的数据，我们不难发现，在 Gemfields 的操盘下，莫桑比克红宝石原石在国际公盘中的数量逐年减少，而价格却在逐年攀升，终端市场上的莫桑比克鸽血红的价格也在一路飙升。

莫桑比克红宝石

实际上，莫桑比克红宝石的出现并没有对缅甸红宝石的价格造成实际的影响。正是莫桑比克红宝石的出现，更加凸显了缅甸红宝石的稀缺性。具备收藏价值的顶级缅甸红宝石，反而呈现了很强的涨价趋势。

反观小克拉的缅甸红宝石，确实受到了一定的冲击，但也只是放慢了涨价的速度。毕竟回望过去 500 年，缅甸出产的红宝石从来都找不到对手，莫桑比克红宝石只能算半个。

诸如红宝石之类的名贵宝石，作为优质资产，价格总体是呈波动上升的趋势，可能偶尔能够买到一些低于市场价、品质也还不错的红宝石。但如果想要整个品类大降价，几乎是不太可能的，只能期待新的产地出现。这属于偶然事件，概率非常小，所以从总体来看，大多数时候，比较名贵的彩色宝石都是处于持续涨价的状态。

缅甸红宝石戒指

除彩宝以外，钻石行业也在 2022 年受到了巨大的冲击。这并不仅仅是因为新冠肺炎，更多的是受新冠肺炎疫情影响而引发的一系列事件以及各国政府对待新冠肺炎疫情防控的态度的影响。由于对待新冠肺炎疫情的防控措施完全不同，中美两国钻石行业发展受新冠肺炎疫情影响的程度也存在很大的差异。

当新冠肺炎疫情在美国出现时，由于担心自身的经济状况，民众的消费观念开始趋于保守，所以选择每天待在家里，不愿意花钱。为了刺激消费，美国政府释放了 10 万亿美元的经济刺激计划，并且把其中的 1.8 万亿美元变作支票，寄到了人们的家里。此外，政府还把 1.7 万亿—1.8 万亿美元的资金发放到了企业。大量的现金流入导致美国的珠宝市场需求激增，其实并非只有珠宝行业享受了红利，其他的行业也同样感受到了消费者的热情。美国短暂地经历了消费者需求与支出的快速飙升，并持续高速增长。

试想一下，这么多的资金突然涌入市场，会导致什么样的结果呢？新冠肺炎疫情导致了供应链断裂，美国出现了惊人的通货膨胀。当通货膨胀来临时，食品、汽油等的价格出现了全面上涨。为了应对如此可怕的通货膨胀，美国政府不得不通过提高利率的方式来抑制通货膨胀。提高利率必然导致经济放缓、股市下跌等情况。对于美国民众而言，低利率已经维持了近十年，突如其来的超高利率不仅让消费者的可支配收入减少了，也让大家对奢侈品的消费观念发生了极大的变化。除了受到通货膨胀的影响以外，俄乌冲突、培育钻石进入婚庆市场等一系列事情，也必然导致美国钻石行业发生变化。美国市场会出现某种程度的衰退，钻石价格和钻石需求也会下降。毛坯钻石的价格可能下降10％—15％，成品钻石的价格可能会下降 20％。曾经非常强大的美国市场，将变得非常衰弱。

得益于中国政府的疫情防控措施，中国钻石市场仅在防控初期出现了非常短暂的萧条，随后很快又走向了繁荣。但随着解封后经济恢复并未达到预期状态，市场上有了一些悲观情绪，加上培育钻石对市场的渗透，天然钻石受到了极大的挑战。纵观钻石的历史数据，会发现这种挑战并非灭顶之灾，行业内大多数人心态较为平和，对价格和市场的回暖很有信心。

综上所述，珠宝不断涨价的原因是多方面的，主要是供给端的问题和消费端的需求推动。但是，并不是所有的珠宝都在一直涨价，有些珠宝也面临着市场竞争和消费者偏好的变化。因此，珠宝投资者和消费者都应该关注珠宝市场的动态和趋势，做出合理的选择和决策。

年轻人的第一件珠宝

第一节 哪种宝石更贵？

宝石的类别很多，"三大名贵宝石""四大名贵宝石""五大名贵宝石"以及"五皇一后"等说法常常被提及。

首先，被誉为"三大名贵宝石"的是红宝石、蓝宝石、祖母绿。这三者因其稀缺性与非凡的色彩魅力，被冠以彩色宝石中的极品之称。

其次，"四大名贵宝石"是在"三大名贵宝石"的基础上加了钻石。钻石不仅拥有卓越的硬度，其独特的光学性质也使其备受珍视。因此，钻石常被作为一个独立的类别，与彩色宝石分开讨论。在国际拍卖行的珠宝类目中，排名前列的基本上就是这四种宝石。

再次，"五大名贵宝石"通常指的是钻石、红宝石、蓝宝石、祖母绿以及金绿猫眼，但也有观点是将金绿猫眼扩大范围至所有的金绿宝石，而不局限于金绿猫眼，因为金绿宝石独特的色彩以及稀缺性也赢得了人们的一致认可。

最后，在"五皇一后"的说法中，"五皇"就是指前面提到的五种宝石，而被誉为"一后"的则是珍珠。珍珠温润如玉的光泽以及独特的生成方式使其在珠宝界享有崇高的地位。

玉石是另外的系统，像翡翠、和田玉、岫玉等等，一般不会和钻石、彩色宝石放在一起，它是另外一个单独的品类。

在众多宝石中，钻石无疑最为人熟知，也被公认为"宝石之王"。之所以坐拥宝石王者地位，是因为钻石兼具三大独特魅力：迷人的火彩、极高的亮度与坚不可摧的硬度。这些特质使它脱颖而出，成为珠宝界永恒的瑰宝。首先，钻石的迷人火彩源自其晶体折射光线时所产生的璀璨夺目光华，这种光的魔力是其他任何宝石难以媲美的。其次，钻石拥有无与伦比的亮度，这是因为其高折射率使光线能以最完美姿态折射所展现的超强透光性。再次，钻石拥有天然的

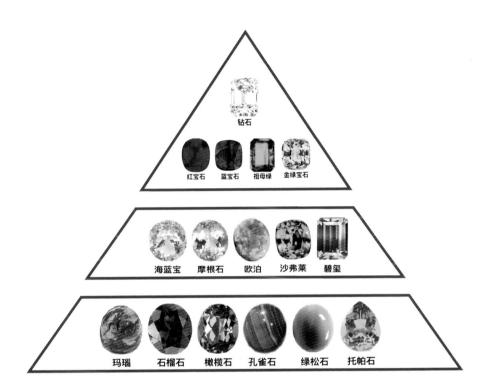

宝石等级

极高硬度，是公认的最难被蚀、最耐磨的宝石材料，使它成为保值性最强的珠宝。可以说，正是这三大独特魅力，立体展现了钻石的卓越与不可替代性。钻石拥有自己独特的分类体系。按切工可分为圆形明亮式和各类花式切工，按色彩可以分为白钻与彩钻。不同的切工与色彩组合，赋予了钻石丰富的变化。无论是经典的圆形明亮白钻，还是彩色的花式切工，每一件钻石作品都在传承与延续钻石的传奇魅力。

红宝石与蓝宝石同属于刚玉家族。红色系的宝石众多，但唯独红宝石最为珍贵。有一种观点认为，红宝石是"上帝创造万物时所创造的 12 种宝石中最珍贵的宝石"。《圣经》把红宝石与智慧相提并论，并用它象征犹太部落，摩西的哥哥亚伦所穿圣衣上的第四颗宝石便是红宝石，在这颗宝石上刻着犹太人祖先的名字。

钻石戒指

　　蓝宝石之所以珍贵，与英国皇室对它的偏爱有着密不可分的关系。英国皇室历来将蓝宝石视为王权与财富的象征，认为它那纯净的蓝色代表着天堂、永恒和神秘。这种观念的形成是因为天然蓝宝石的稀缺性以及高品质的蓝宝石形成过程十分复杂，全世界的产量极低，所以蓝宝石被视为仅次于钻石的珍贵宝石。英国皇室对蓝宝石的偏爱可追溯至中世纪时期。历代国王用昂贵的蓝宝石装饰王冠以象征王权，还赠送蓝宝石给亲近重臣以示恩宠。这个传统一直保留至今，英国王室仍然保留着许多历史悠久的蓝宝石，用于皇家婚礼或其他重要场合。可以说，英国皇室把蓝宝石和王权捆绑在了一起，它那独特的颜色、稀有性和皇室传统，共同确立了蓝宝石作为上层阶级的奢华象征和身份地位的标志。这也是蓝宝石备受全世界珠宝爱好者追捧的重要原因。

　　关于祖母绿为何成为五大名贵宝石之一，有这样一个美丽的传说：古埃及女王克利奥帕特拉认为祖母绿的颜色独一无二，它那翠绿欲滴的颜色犹如新芽般充满生机，美不胜收。于是，她用无数祖母绿装饰自己的宝座、服饰，它们熠熠生辉、精美绝伦。自此，祖母绿便与王权和财富紧密相连，成为上流社会

红、蓝宝石戒指

追逐的稀世珍宝。时至今日，顶级祖母绿依然极为罕见，拥有与生俱来的耀眼色泽与坚固体质。正是这独特的色彩魅力和稀缺性，使其与钻石并驾齐驱，成为五大名贵宝石之一。

关于猫眼成为五大名贵宝石之一的原因，有这样一个动人的爱情故事流传下来。以前，有一对深爱彼此的男女，因为门第阻隔，这对有情人最终选择了殉情。在他们殉情的山崖旁，有一只猫目睹了这令人痛心的一幕，它眼里充满了泪水，在情侣坠下悬崖的刹那，猫也跟着跳了下去。神灵为了纪念这对有情人以及那只猫，让这个山崖附近形成了一种奇特的宝石——猫眼石。这种宝石极其罕见，内含流光溢彩的绚丽色带，仿佛一只只神秘的猫眼在注视着你。自古以来，猫眼石因其美丽的光效、稀有性和这段动人的传说，备受珠宝鉴赏家的青睐。

祖母绿首饰

在宝石领域，价值体系呈现类似金字塔的层级结构。在这一金字塔的顶端，我们可以找到最为珍贵的宝石，例如钻石、红宝石、蓝宝石、祖母绿和金绿猫眼。这些宝石因其稀缺性、美感和独特性而享有崇高的地位。紧随其后的是所谓的半宝石①，尽管它们的价值不能与顶端的珍贵宝石相匹敌，但它们依然被广泛认可和珍视。在金字塔的底层是一些低端宝石。这些宝石的价格相对较低，受到一些宝石爱好者的欢迎。

---

① 半宝石（Semi-precious Stones）这个概念是由日本人提出的，是一个不规范，但在珠宝市场经常使用的商用名称。它通常指介于贵重宝石和低端宝石之间的品类，没有特别具体的定义，在国标里没有这个命名。

在这个层级里面，每一个品类都有佼佼者存在。比如，红宝石里有缅甸抹谷①的鸽血红，被广大珠宝爱好者追捧。克什米尔②产地的传说级矢车菊蓝宝石，还有品质一流的哥伦比亚木佐绿色③祖母绿，这些顶级宝石虽然昂贵，但考虑到它们在各自品类中的稀缺性和品质，价格仍然被公众认为合理。与此相比，半宝石和低端宝石在价格上存在明显的差距。此外，还有部分宝石的价格明显超出了其在价值体系中的定位，接下来给大家介绍几个。

第一个是绝地武士尖晶石④。2001 年，GIA 宝石学家文森特·珀迪乌（Vincent Pardieu）首先在纳米亚发现了这种尖晶石，随后，将其命名为"绝地武士"。绝地，是科幻系列电影《星球大战》中的重要组织。绝地，代表正义，与黑暗对抗，依赖强大的原力，同时要警惕阴暗面。红色的尖晶石时常会有暗色域，非常影响其价值，直到文森特在纳米亚发现了具有鲜艳明亮霓虹感、电光感且不带一点暗色域的尖晶石。为了不被缅甸卖家发现自己非常喜欢这种尖晶石，所以他用"绝地武士"作为暗号，方便与伙伴沟通，并称呼其为"绝地武士"，这便是绝地武士名称的由来。

在尖晶石这个品类中，还有一个佼佼者，它呈现出一种醉人的蓝色。这种颜色的致色元素为钴元素，所以我们称其为"钴尖晶"⑤。其独特的蓝色在市场上非常罕见，以至于在珠宝交易的核心市场中，高质量的钴尖晶也是难得一见的。即便有极少数出现在市场上，它们的价格也通常"触及天际"。对于钟情于

---

① 抹谷是缅甸曼德勒省的一个城市，距中缅国境 450 千米，是顶级的红宝石产区。

② 克什米尔，全称查谟和克什米尔（Jammu and Kashmir），位于南亚次大陆的北部，是青藏高原西部与南亚北部交界的过渡地带，是顶级的蓝宝石产区，目前已绝矿。

③ 木佐绿这个名词具有颜色和产地的双重意义。木佐矿区是顶级的祖母绿矿区，木佐绿评级只用于产自哥伦比亚的优质祖母绿，为市场上的商用名称，在国标里没有这个命名。

④ 2001 年，GIA 宝石学家文森特·珀迪乌（Vincent Pardieu）首先在纳米亚（Namya）发现了这种尖晶石，随后，将其命名为"绝地武士"（Jedi）。主要产地为缅甸克钦邦的纳米亚、缅甸抹谷的曼辛矿区。绝地武士为市场上的商用名称，在国标里没有这个命名。

⑤ 钴尖晶石（Cobalt Spincl）和后文的蓝小妖均为市场上的商用名称，在国标里没有这个命名。

绝地武士尖晶石

蓝色系列宝石的藏家和爱好者，钻尖晶无疑是一个不错的选择。这种宝石的鲜艳蓝色，结合其天然的通透度和闪耀的火彩，呈现出一种魔幻的美感。钻尖晶里的极品，颗粒通常比较小，因其卓越的品质和稀有的颜色，被人们称为"蓝小妖"。钻尖晶的产量稀少，价格超高，但其作为投资品的潜力不容小觑，预期未来还有很大的增值空间。

帕拉伊巴碧玺，一个在宝石领域里备受赞誉和追捧的品类。这种宝石的魅力首先源于其令人难以置信的色彩：一种混合了霓虹般炫光的蓝绿色，宛如蓝绿版的绝地武士，令人心动。其高品质的样本呈现出醒目的霓虹光感，且几乎没有明显的暗色域。从它首次被发现到如今短短30多年的历史中，帕拉伊巴碧玺的价格已经飙涨了近 300 倍，成为宝石市场的一颗耀眼之星。其名"帕拉伊巴"来源于它的发现地：巴西的帕拉伊巴州。那里出产的未经热处理的高品质帕拉伊巴，如今已成为珍藏界的神话，其价格更是达到了史上之最。现在市场上流通的大部分帕拉伊巴碧玺来自尼日利亚、莫桑比克等地，并且许多都经过了热处理。对于藏家和宝石爱好者而言，如果有机会遇到价格合理的高品质帕拉伊巴碧玺，你一定要珍藏。因为它不仅稀有，而且具有出类拔萃的美学价值。

帕拉伊巴碧玺

第四个是翠榴石。很多朋友可能还没有听过翠榴石，实际上，它是石榴石家族里面的顶级存在，色散值甚至比钻石还要高。人们都说它是这个世上最闪耀的宝石，火彩非常漂亮，产量也非常低，价格很高，甚至可以直接对标高品质钻石。喜欢收藏精品宝石，而且喜欢绿色系宝石的小伙伴，不妨多加一个选项，那就是翠榴石。在珠宝爱好者圈里，如果谁手上有一颗非常高品质的翠榴石，那一定是全场焦点。

翠榴石

第五个是海螺珠。我们在市面上看到的几乎所有的珍珠，都是经过人为干预的养殖珍珠，包括我们熟知的大溪地黑珍珠①、日本 AKOYA 珍珠②等等，其实都是人为干预养殖而成的。在珍珠体系里有一个很特别的存在，就是海螺珠，也被称为孔克珠，它来自神秘的加勒比海。不同于其他珍珠，海螺珠完全是天然形成的，目前没办法进行人工养殖。由于没有任何人工干预，所以形状和大小差别都很大。并不是每个大凤螺母贝里都会有珍珠，就算有，也未必能够达到宝石级。平均每一万个大凤螺中，只有一颗可用的海螺珠，而当中仅有约

① 大溪地黑珍珠是指产自南太平洋法属波利尼亚境内盐湖的珍珠，为市场上的商用名称，在国标里没有这个命名。

② AKOYA 珍珠是一种海水养殖珍珠，母贝是马氏贝，为市场上的商用名称，在国标里没有这个命名。

10％的海螺珠符合制成珠宝的标准，全球每年只有不到 900 颗海螺珠可以被制成璀璨的珠宝。品质上乘的海螺珠有肉眼可见的火焰般的纹路，也就是人们口中的火焰纹，看着像天边绚丽的云霞，细看又能发现其中燃烧的熊熊烈火，颜色从洋红色、粉橙色、金色到白色，最理想的海螺珠呈粉红色。这个颜色特别像三文鱼，所以现在市面上也有人说要三文鱼色的海螺珠。但遗憾的是，2023年 8 月 24 日，日本正式将核污水排入海洋，对所有海洋生物造成了严重的威胁，尤其是对水质要求较高的海洋贝类，无疑是一次毁灭性的打击。特别是海螺珠这种无法进行人工养殖的天然珍珠，或许在不久的将来就会彻底灭绝，所以好好珍惜现有的海螺珠吧。

　　宝石种类繁多，价格也有很大差异，建议按照自己的审美和预算按需购买。

海螺珠

 第二节　宝石的挑选指南

　　购买宝石不仅仅是一次金钱的投资，更是一次对美的追求。为了确保你选购到真正优质、有价值的宝石，我将从颜色、净度、切工、重量、天然性、光学效应、产地、证书这几个关键角度介绍选择宝石时需要考虑的要点。

我们选择彩色宝石时，首先会被其颜色所吸引。在评判颜色时，我们需要注意明度、饱和度、色调这三个方面。选择宝石的颜色就像在装修房子的时候用潘通色卡选择墙漆颜色一样，没有正确答案。每个人对色彩的偏好不同，我们没办法用某一种颜色统一所有人的审美，因此，我们在选择宝石颜色时，最重要的是要弄清楚自己的喜好，找到最适合自己的色调。但是，我们也不能完全忽略市场和实验室专业评级标准，例如"鸽血红""皇家蓝""圣玛利亚"等有商业名称的颜色，通常会更受消费者追捧。如果没有特别的个人偏好，选择这些相对流行的颜色是比较稳妥的。如果你的审美与主流审美不同，也不必非要随大流，选择自己心仪的颜色完全没有问题，因为颜色本身并没有对错，最重要的是自己满意。

圣玛利亚海蓝宝

谈及宝石的净度，我们首先往往会想到宝石是否存在明显的瑕疵。这样的理解并不完全错误，但对于宝石的净度，实际上有更深入的解读。首先要明确的是，大多数宝石皆为天然形成的，因此天然的净度特征在所难免。尤其是稀有宝石，如红宝石和蓝宝石，因其稀缺之特性，我们对其净度应相对宽容。值得注意的是，祖母绿与帕拉伊巴天生带有裂隙及内含物，因此，哪怕是拍卖场上的珍稀藏品，也未必能达到完美无瑕的净度标准。在选择宝石时，我建议大家优先考虑那些用肉眼看，无明显净度特征的宝石，尤其是半宝石，最好可以达到近距离观察也没有发现净度特征的程度。此外，宝石是否存在裂痕也是选择宝石时的重要考量标准。例如在钻石中，裂痕常被称作羽状纹。在挑选过程中，我们应尽量避开有明显开口或从冠部至亭部的贯穿性裂痕，因这样的裂痕一旦受到外力冲击，很有可能会扩大，甚至整颗宝石都会出现碎裂的风险。

有羽状纹的钻石

当我们提到切工，不仅仅是指宝石的形状，更多的是宝石如何与光互动，为它带来生命力。切工涉及切割比例、对称性以及抛光三个参数。优秀的切工不仅能最大化地提高宝石的亮度和火彩，还能增强其颜色的表现力。我建议大家在挑选宝石的时候，注意观察宝石在光线下的反应，看是否有黑色或透明的"死亡区"，这可能意味着切工不佳。在市场上，彩色宝石的切割方式多种多样，但与钻石相比，其切割方式的标准较为模糊。刻面的宝石种类最多且最复杂。

有些形状的切工价格会明显高于其他形状，例如阿斯切切工①、祖母绿切工和正圆形切工，这几种形状的切工对宝石的净度要求非常高，任何瑕疵都一目了然。因此，如果对宝石的净度没有绝对的自信，就不会选择这些切工形状，因为它们很容易暴露宝石的缺陷。另外，这些切工的损耗也相对较高，比起其他更保守的切工，会导致一部分重量的损失。因此，当我们看到这些优质形状的切工时，就可以推断出它们的价格相比其他切工会高一些。

在选择宝石切工时，男士往往倾向于选择直线条的形状，例如雷迪恩切工、祖母绿切工和阿斯切切工等。这些切工所展现出的硬朗风格，往往更适合男士。相对来说，女士可能会偏爱更显柔美的切工，如椭圆形切工、水滴形切工、马眼形切工以及正圆形切工等。

钻石和彩色宝石一般在市场上用克拉来衡量重量，1克拉等于0.2克，这是很重要的信息。宝石的价值并不总是与其重量或大小成正比。尽管大部分人可能更偏向于大一些的宝石，但我们必须明白，宝石的价值是由多种因素共同决定的，如颜色、净度和切工等。有时，一颗小但颜色、净度和切工都很好的宝石，其价值可能远高于一颗大而质量一般的宝石，因此，我建议大家在选择宝石时，不要过于关注重量或大小，而是要考虑整体品质和美感。

---

① 阿斯切切工（Asscher Cut）最早由荷兰钻石切割师约瑟夫·阿斯切（Joseph Asscher）于1902年发明，流行于装饰艺术时期和第一次世界大战之后。

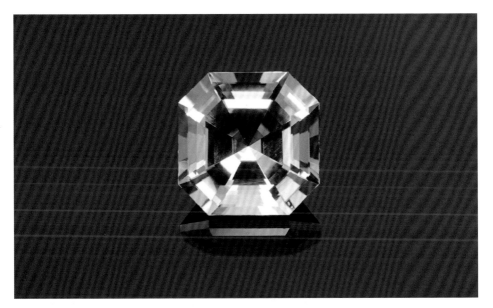

阿斯切切工

祖母绿切工

　　宝石的产地对其价值和特性都有很大的影响。有些地方因为其独特的地质环境，生产出来的宝石带有独特的颜色或特性，比如缅甸的红宝石被认为是全球最好的，其颜色纯净、深邃；再比如哥伦比亚的祖母绿，因其明亮的绿色和优良的透明度而广受欢迎。因此，在购买彩色宝石的时候就会出现产地溢价，但是我建议大家在选购宝石的时候，不要把产地看得太重。产地是一个锦上添花的选项，要在其他的参数都很好的前提下才有意义。比如，很多人都会认为缅甸产地的红宝石最好，但如果是一颗颜色、净度、切工都很一般的缅甸产地的红宝石，其实还不如以同样的价格买一颗颜色、净度、切工更好的莫桑比克产地的红宝石。另外，产地有的时候会有很多争议。比如在板块漂移之前，马达加斯加和斯里兰卡相邻，这也意味着这两个产地的宝石有非常接近的产地特征。

哥伦比亚祖母绿

　　宝石的天然性也是我们在选购宝石时必须要关注的。天然宝石和合成宝石存在天壤之别。天然宝石是在自然环境中形成的，而合成宝石是在实验室中通过特定技术人工制造出来的。尽管它们在外观、物理和化学特性上可能非常相似，甚至完全一致，但合成宝石的价值通常较低。此外，很多天然宝石经过一定的处理以改善其颜色或透明度，这也可能影响其价值。比如市面上常说的传统加热，就是将宝石放入可以控制的加热设备中，通过控制加热条件以模仿大自然深处的环境，进行加热处理，最终使宝石的颜色、透明度和净度等特征得到长期稳定的改善，从而提高宝石的美学价值和商业价值。与传统加热相对应的是非传统加热，非传统加热指的是除了简单的加热外，还采用其他物质（如添加填充物、元素或化合物）进行优化处理的方法。这种优化处理的目的通常是为了改善宝石的颜色、提高透明度或优化其他外观特性。在购买前，要确保了解宝石的天然性和是否经过处理，并对其价值有合理的期望。

宝石的光学效应是指宝石在光线下所展现出来的独特现象，例如猫眼效应、星光效应和变彩效应等。这些效应往往使宝石更加吸引人，更加有价值。例如，具有清晰的星光效应的红宝石或蓝宝石会比普通的红宝石或蓝宝石更为珍贵。购买宝石时，有光学效应的宝石更有个性和独特性，也更具收藏价值。

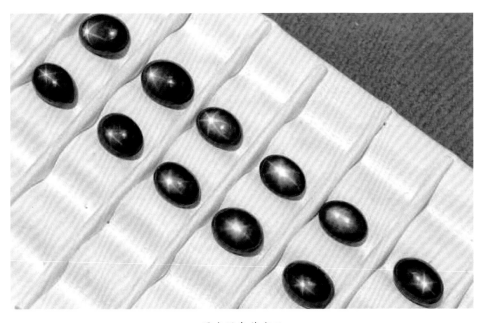

星光黑色蓝宝石

在购买宝石之前，获取一个由权威实验室或机构颁发的证书或鉴定报告是至关重要的。这不仅能确认宝石的真实性和品质，还可以为你提供有关其来源、处理方法和其他重要信息的详细描述。尽管有些商家可能会提供他们自己的鉴定证书，但是来自独立、公认的实验室的证书往往更具有权威性。我的建议是，如果你准备购买的宝石没有相关的证书或鉴定报告，那么最好在购买前先进行鉴定。这样可以确保自己的投资有保障，避免买到伪造或低质量的产品。

总之，选购宝石是艺术和科学的结合，需要时间和经验。只要你掌握了这些基本原则，并始终保持警觉，你就能找到那颗最适合你的真正的宝石。

第三节　千万不要忽视宝石的切工

随着大家对宝石的认知不断加深，我相信大家一定都听过一个词——精切。什么是精切宝石？市面上这么多的精切宝石应该怎么选？接下来，我将详细为大家解答。

首先，了解一下什么是精切宝石。其实精切宝石的定义并没有一个统一的标准，市场上对于精切的概念最早源于 GIA 的钻石切工标准，也就是我们常说的切工比例、对称性以及抛光。当这三项指标都达到 Excellent（优秀的）评级，我们就会说这颗钻石是精切的。相比拥有严格的切工标准的钻石而言，彩色宝石的切工就显得难以统一。因为每一种宝石的硬度、色散值、折射率等等参数都不一样，所以我们没办法用一套标准来评价所有的彩色宝石。那什么样的彩色宝石才能称为精切呢？

必须根据宝石自身的物理属性进行理想比例切割。首先，必须要关注切割比例。切割比例涵盖了很多的东西，包括冠角、亭角、全深比、台宽比等参数，这些是衡量切割比例很重要的参数。如果切得过薄或过厚，都会影响火彩。很多人会追求台面大，但是台面过大，宝石必定会薄，薄了之后就有可能会漏光。切工是一个非常特殊的参数，因为这一参数可以人为调控。市场上绝大部分宝

切工镜中的精切宝石

切工不好的蓝宝石

精切的蓝宝石

石，尤其是来自印度、斯里兰卡、泰国等地的彩色宝石，一般都采用较厚的切工，以保留最大的重量，但这也导致了其明亮度和火彩的减弱，我们常将此类称为"亚洲切工"。然而，我倾向于推荐欧洲人更喜欢的欧式切工。欧式切工的一个显著特点就是底部并不会特别厚，看上去更尖，常用标准圆钻形切工或混合式切工，虽然会牺牲一些重量，但其美观度极高。以 2 克拉的彩色宝石为例，如果采用亚洲切工，可能最后可以保留 1.5 克拉左右；而如果采用欧式切工，可能只能保留 1 克拉左右。

判断宝石切工的第二个要点是观察其对称性。对称性是切工中的重要一环，也较为简单直观。以正圆形切工为例，我们可以连接其中心点到 12 点、3 点、6点、9 点位置，如果各点距中心的距离一致，说明对称性良好。也可以想象圆形宝石是一个比萨，平分为 8 个部分，如果 8 个部分能完全重合，没有多余，就

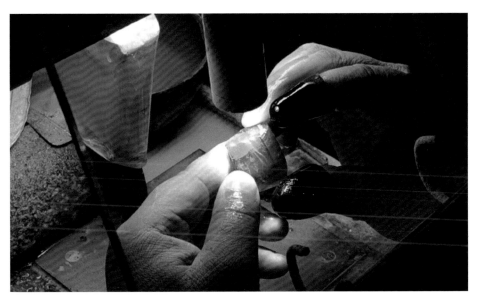

祖母绿切割

说明它的对称性完美。对于水滴形、马眼形切工，判断方式是观察其中轴线两侧是否对称；祖母绿形、枕形、雷迪恩切工，需要检查上下及左右两个中轴线是否对称。此外，还要检查宝石底尖是否切割整齐周正。有些宝石从正面看是对称的，但从侧面可发现底尖歪斜，这会导致火彩不均匀。综上所述，评判一颗宝石的对称性，需要从多个角度检查其形状和轮廓是否对称。

判断切工的第三个方面是抛光的质量，这一点容易被消费者忽视。主要从两个方面评判抛光效果：一是是否存在抛光纹理，放大观察宝石表面，如果可见大量平行的抛光痕迹，说明抛光不够精细。二是棱线是否清晰，高质量抛光的宝石，其两个相邻面之间的交界线应笔直清晰。如果棱线比较模糊，通常是由于保存不当造成宝石表面磨损，特别是不同种类的宝石杂存在一起时，互相摩擦所导致。

最后一项则是火彩。满火彩是评判宝石是否能够称为精切的标准之一。满火彩指的是宝石能最大限度地反射光线，整体呈现出耀眼夺目的光泽。在理想状态下，满火彩的宝石几乎看不到暗域，即使存在微小的暗域，在转动宝石观察时，也能转换为亮域，不会出现完全无法反射光线的死角。要达到满火彩的效果，需要宝石切割师具备精湛的技艺。首先，根据不同种类宝石的光学特性，他们会设计出最佳的切割方案。其次，在切割打磨的过程中，还需要根据宝石的折射率做细微调整，确定最恰当的切角，使得光线能以精确的方式在宝石的每个面上折射，实现亮度最大化。最后，每一个面都能充分反射光线，呈现出璀璨夺目的火彩。可以说，满火彩集中体现了切工的高低。它需要优质的宝石原石，更需要切割师巧夺天工的技术，两者共同作用才能完美呈现出宝石耀眼的色彩和明艳的光泽，展现它的非凡价值。

总而言之，判断一颗宝石是否达到精切标准，需要满足以下几个方面：首先是切工的比例是否协调、对称性是否优秀、抛光是否做到细腻平滑；其次是在实际观察时，是否能够达到满火彩的效果，整颗宝石灿烂夺目。透过宝石的切工，我们可以判断切割师的技艺高低，也可以更好地欣赏宝石本身的美。理解精切的标准，是欣赏与选购宝石的基础。

第四节　神奇宝石大盘点（带有特殊光学效应的宝石）

宝石的光学效应是指在可见光的照射下，某些宝石会因折射、反射、干涉和衍射等物理作用而呈现出特殊的视觉效果。光学效应既增加了宝石独特的美感，同时也带来了巨大的商业价值。

在众多光学效应中，比较常见的当属变色效应，这种效应是指宝石矿物的颜色随入射光光谱能量分布或入射光波长的改变而改变的现象。标准的测试光源通常为日光灯和白炽灯。典型的变色宝石包括变色蓝宝石、亚历山大变石[①]、变色尖晶石及变色石榴石等。例如，某些蓝宝石在正常光线下为皇家蓝色，但

① 只有变色金绿宝石可直接称为变石，还会称为亚历山大变石，但在国标里没有这个命名。

在暖色光线下转变为紫色，展现出一种神秘之美。亚历山大变石是金绿宝石的一种。据传，它是在 1830 年俄国的亚历山大二世在其生日时发现的，并以其名字命名。此石的变色效应尤为显著，在冷光源和暖光源下，其颜色反差巨大，以至于让人认不出是同一颗宝石。亚历山大变石中的微量铬元素影响了它对光线的透射和吸收。在日光或日光灯下，主要透射绿光，呈现绿色或蓝绿色；而在暖光源，尤其是富含红光的光源如蜡烛、油灯或白炽灯下，主要透射红光，变为红色。因此，它被誉为"白天的祖母绿，夜晚的红宝石"。需要注意的是，市场上的大部分亚历山大变石，在冷光源下主要呈现淡黄绿或蓝绿色，而在暖光源下为深红至紫红色，能完美展现祖母绿的绿色和红宝石的红色的亚历山大变石十分稀有。

猫眼效应是指在平行光线照射下，以弧面形切磨的珠宝玉石表面呈现出一条明亮光带，该光带随着宝石或光线的转动而移动的现象，是宝石中一种独特的光学现象。就像猫的眼睛，在不同的光线条件下会发生明显的瞳孔变化：在强光下，瞳孔缩为细线，夜晚则呈圆形，而在其他时刻为椭圆形。猫眼睛散发的神秘魅力仿佛拥有一种摄人心魄的力量。在单一的直射光源下，这些宝石上会展现出一条明显的光带，其位置随着宝石与光源角度的调整而变化。在双光源环境下，则会出现两条光带，在特定角度，这两条光带会聚合，产生一种迷人的效果。这种效应是由于宝石内部存在的无数细小、平行排列的管状或纤维状包裹体所引起的，当光线垂直照射到这些包裹体上时，产生的反射形成了光带。通过专门的切割技术，这条光带得以更加明显地展现出来。当我们提到猫眼时，通常是指具有猫眼效应的金绿宝石，其他具有猫眼效应的宝石在命名时，会附加相应的后缀，如祖母绿猫眼、月光石猫眼等。同时存在变色效应和猫眼效应的宝石是极为罕见的，价值相当高。例如，变色猫眼便是此类珍稀宝石的代表。

星光效应是指在平行光线照射下，以弧面形切磨的某些珠宝玉石表面呈现出两条或两条以上交叉亮线的现象。每条亮线被称为星线，通常为二条、三条

变色蓝宝石

和六条，我们称为四射（或十字）、六射星光或十二射星光。星光效应与猫眼效应的形成机制相似。在具有星光效应的宝石内部，无数细小的管状或纤维状包裹体以交叉的方式排列，当光线垂直于这些包裹体照射进来时，它们产生反射，形成一个光点。无数这样的光点相连，构成了星线。因为这些包裹体是交叉排列的，加上为了凸显星光效应而特意切割的弧面形状，整颗宝石从而呈现出醒目的星光效应。除了星光红宝石和蓝宝石，还有其他众多的星光效应宝石，例如星光祖母绿、星光尖晶石、星光石榴石、星光粉水晶、星光月光石、星光透辉石以及星光堇青石等。

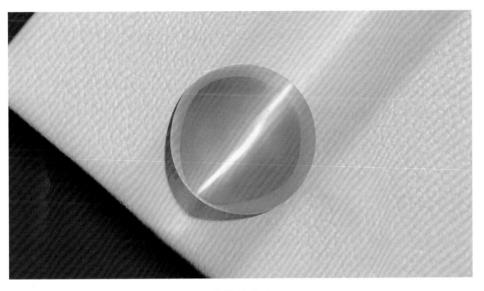

金绿猫眼石

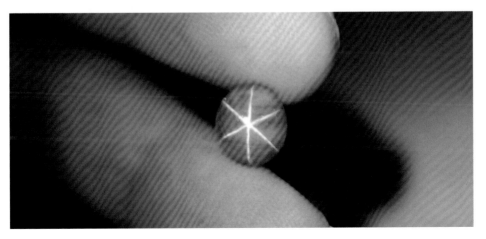

星光红宝石

变彩效应①是指宝石的特殊结构对光的干涉、衍射作用产生颜色，且颜色随着光源或观察角度的变化而变化，这种现象称为变彩，是宝石中一种独特的光学现象。有变彩效应的宝石在光线下转动的时候，不同角度反射出来的光是漂亮的七彩光。其中，最具代表性的莫过于欧泊。欧泊的矿物名为蛋白石，但并非所有的蛋白石都可以称为欧泊。欧泊所呈现的独特颜色变化，并非由宝石本身产生的，而是由于光的折射、干涉和衍射等物理作用引起的。在欧泊的内部，有大量的球状二氧化硅颗粒，这种结构就像是一个充满了泡泡的泡泡池，在光线的作用下，产生了迷人而神奇的衍射效应。

澳大利亚是欧泊的主要产地，尤其是高品质的欧泊，因此欧泊也被称为澳宝。在澳大利亚的闪电岭地区，所出产的欧泊不仅与该地的名字相呼应，而且也完美展现了欧泊的特质。欧泊有很多种类型，包括黑欧泊、白欧泊和晶质欧泊等，其中黑欧泊品质上乘，因为其含水量稳定，不易受到温度和湿度变化的影响，而且，其深沉的体色使得这种宝石的变彩效应更为突出，所以价格也相对较高。白欧泊，虽然在价值上不可与黑欧泊匹敌，但其质感同样令人赞叹。另有一种橙红色的欧泊，被称为火欧泊，主要产自墨西哥。它的颜色鲜艳夺目，实物犹如奶体的芬达石，集美观与实用于一身，而且价格相对亲民。市场上较为常见的是水欧泊。这类欧泊含水量较高，因而其变彩效应相对较弱。水欧泊主要产自非洲，产量丰富，这导致目前市场上大部分欧泊均为此类。水欧泊存在一个显著的缺陷，那就是它容易失水。一旦失水，其变彩效应不仅会减弱，甚至有可能完全消失。此外，失水后的水欧泊会变得干燥且偏黄，其原有的光彩会大大降低，从而影响其整体美观度。

月光效应的代表是月光石。关于月光石的传说非常多，其中最为人所熟知的是一个爱情故事：在一个宁静的村落中，最美丽的姑娘与最英俊的小伙子坠入爱河，但双方的家长并不支持这段感情，女方家长给男孩出了一道几乎不可能

---

① 根据国标 GB/T 16552—2017 的定义，变彩效应和砂金效应、晕彩效应等属于其他特殊光学效应。

欧泊

火欧泊

完成的难题。面对困境，小伙子与挚爱的姑娘约定，满月之夜，在他们定情的悬崖相见。但是这个小伙子一直没有归来，这个姑娘每天以泪洗面，最终跳下悬崖。相传，她的眼泪化作了月光石，成为忠贞爱情的象征。

　　月光石，以其如月光般的晕彩效应而被无数传说赞颂。它不属于极为贵重的宝石，在选择时，净度是首要考量的参数。对于如手串等饰品，只需确保其表面无明显裂痕，可以用强光手电筒照射，观察是否有隐蔽的裂痕。如果购买月光石戒指，则可以考虑购买形态饱满且规整的玻璃体，能够更好地显现晕彩效应。月光石产地广泛，从斯里兰卡、印度、缅甸到巴西、墨西哥以及欧洲，各地均有。市场上，斯里兰卡产的月光石较为常见。但不论产地是哪里，最为关键的仍是品质。

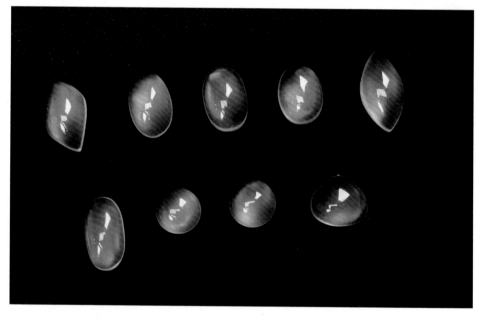

月光石

　　这五种是最为主流的有特殊光学效应的宝石，另外还有砂金效应、晕彩效应等。大千世界，无奇不有。有特殊光学效应的宝石多种多样，期待着大家去发现。

第五节　十二月生辰石

　　传闻在创世之初，造物主留下了一些神圣的石头，这些石头分别守护着不同月份出生的人，我们称它们为生辰石。最初，生辰石的概念源于《圣经》中关于星座与石头功能的记载。当时，人们相信某些宝石与特定的行星有联系。由于占星术主张人的命运与其出生时的星座密切相关，人们便把出生日期与特定的宝石联系在了一起。

　　一月份的生辰石是石榴石。石榴石代表着忠实、友爱、真诚，是一种较为常见的宝石，因其形若石榴子而得名。一说到石榴石，很多人便自然而然地想到火焰，深信它有驱散黑暗的魔力。在伊斯兰教中，石榴石被视为能照亮天堂之物。古代的北欧人死后要用石榴石陪葬，认为此石能够为他们指明去瓦尔哈拉殿的方向。在阿比西尼亚宫廷中，随处可见此石的身影。征战的十字军战士则在铠甲上镶嵌石榴石，希望其能为自己带来好运。中世纪时，人们普遍认为石榴石有多种神奇效果，因此受到人们的青睐。许多王后和贵妇都用石榴石装饰自己，她们视其为女性魅力的代表。

　　二月份的生辰石是紫水晶，它是成熟沉稳的象征。优质紫水晶呈深紫色，"色如葡萄，光莹可爱"。由于紫水晶拥有如同葡萄酒般的颜色，早期的希腊传说把紫水晶与酒神狄俄尼索斯联系起来。其他的传说则体现了人们的信仰，人们相信佩戴紫水晶可以让人在战争和生意中保持头脑清醒、机智灵敏。因为紫水晶能够让人联想到美酒，因此，人们相信佩戴紫水晶能防止醉酒。紫色在中西方文化中的含义比较接近，都有尊贵和神圣的含义，自古以来人们就把它看作高贵的颜色。中国人认为紫微星是帝星，北京故宫被称为紫禁城。在西方社会里，紫色同样是尊贵的象征，犹太教中的大祭司和天主教中的主教都穿紫色的服装。

石榴石首饰

紫水晶首饰

三月份的生辰石是海蓝宝石，它象征着沉着、勇敢与智慧。海蓝宝石作为一种历史悠久的宝石，它有非常多美丽的传说。早在 1912 年，海蓝宝石就被列入了生辰石的名单，成为三月份的生辰石。虽然这份名单几经调整，但海蓝宝石从未被替代过。不论是东方还是西方，人们都把水视作生命的本源，这使得与海水颜色相似的海蓝宝石受到了人们的喜爱。在西方文化中，人们相信海蓝宝石可以赋予佩戴者预知的能力和智慧。据说，这种宝石是海洋深处的产物，是海水的结晶，因此，古代航海家经常佩戴海蓝宝石，希望能得到海神的庇佑，使航行平安，并尊称它为"福神石"。

第二章 宝石体系

海蓝宝戒指

四月份的生辰石是钻石，这种宝石自古便代表着权贵与事业的荣光。欧洲的皇室贵族钟爱钻石，因为它们夺目、耀眼且极为美观。贵族们经常把它镶嵌在皇——冠或权杖上，作为权势和地位的象征。许多人认为，钻石是事业和权力的象征。同时，钻石也是永恒爱情的象征，寓意是"永不磨损，代代相传"。作为世界上最坚硬的矿物，唯有钻石才能切割钻石。希腊人认为钻石是从天空落下的星星碎片。传说爱神丘比特之所以能施展爱的魔法，正是因为他的箭头上镶有钻石。用钻石作为求婚或示爱的戒指，也有着悠久的历史和文化背景。

钻石戒指

五月份的生辰石是祖母绿，它象征仁慈、信心、善良、永恒和幸运。作为传统的五大名贵宝石之一，祖母绿在东西方都有着深厚的历史文化背景，因此深受人们喜爱。尽管叫作"祖母绿"，但它实际上与祖母并没有直接关联，它的名称源于波斯语"Zumurud"，从而被音译为"祖母绿"。自古以来，它因其驱邪的特性而备受珍视，人们相信它能保佑佩戴者。中世纪的文献记载，无论是在欧洲还是亚洲，祖母绿都被视为具有治疗功效的宝石，能对抗多种疾病。更为神奇的是，它还被视为能够平息风暴、治疗心灵的创伤，并授予持有者预知未来的能力。

祖母绿耳坠

　　六月份的生辰石是珍珠和月光石。自古以来，珍珠便被视为富贵、美满和高尚的象征。在封建时代，权贵人物用珍珠来展示其权力，而民众则视珍珠为幸福和安宁的标志。珍珠温婉、纯洁和瑰丽的特性使得它深受人们喜爱，被冠以"珠宝之后"的美誉。关于月光石的故事非常多，无论是什么样的故事，几乎都围绕着月亮展开。这与月光石独特而迷人的月光效应有关，尤其是那些泛着蓝光的月光石，其美感如同皎洁的月光，朦胧而低调。在中世纪，人们相信凝视月光石能顺利进入梦乡，并在其中预见未来。在阿拉伯，人们会把月光石缝入服饰内，将其视为富裕的标志。在现代的印度，月光石仍被认为是神圣的象征，且由于人们认为在晚上它可以给佩戴者美丽的幻想，所以它们被视为梦之石。在 19 世纪末至 20 世纪的欧美，尤其是装饰艺术风格时期，月光石很流行，且常被金匠大师运用于首饰的制作中。

珍珠首饰

　　七月份的生辰石是红宝石，它代表高尚、热情、爱恋与豪迈。据说，戴红宝石的人会健康长寿、发财致富、聪明智慧、爱情美满、家庭幸福，而且左手佩戴红宝石戒指或者左胸戴红宝石胸针可以起到逢凶化吉、化敌为友的作用。很长时间以来，印度人都相信无色的蓝宝石是未发育成熟的，缅甸人甚至认为将颜色不够好的红宝石埋藏在地下，最终会变成鲜红色的红宝石。在缅甸有个古老的传说，美丽的公主娜佳被恶龙俘虏，恶龙欲娶她为妻，并将她囚禁在荆棘环绕的高塔中。娜佳有一位深爱她的太阳王子，得知此事后，王子决定率领壮士去救公主。在他们与恶龙的激战中，尽管对方法力强大，但在真爱的面前，恶龙最终败下阵来，被太阳王子用他的神箭射杀。之后，太阳王子和娜佳公主的爱情结晶是三个蛋，分别孵化为缅甸的君主、中国的皇上和一颗红宝石。这两个领袖代表着权力的巅峰，而红宝石则是他们浓烈爱情的证物。红宝石为男士带来权势，为女士带来坚定不移的爱。

红宝石戒指

八月份的生辰石是橄榄石，它象征着和平、幸福、祥和等。在古老的耶路撒冷神庙，镶嵌着几千年前的橄榄石。大部分橄榄石形成于地球的内部，与钻石的形成过程相似。当火山喷发时，橄榄石会被带到地球表面。例如，夏威夷南部山区的一座火山曾经喷发大量的橄榄石，导致海边沙滩上到处都是这种宝石。另外，有些橄榄石是被天外陨石裹挟来到地球的。我们在外星上也能看到一些橄榄石，比如，美国科学家在火星上就曾发现过大量的橄榄石。在我们的印象中，橄榄石是绿色系的，但实际上，它有无色、橙色、黄色、黄绿色、绿色等颜色。橄榄石有一种非常特别的内含物叫睡莲叶状包裹体，外观像睡莲，非常漂亮。当然，这种美景只有在显微镜下才看得到。

橄榄石首饰

　　九月份的生辰石是蓝宝石。蓝宝石的寓意是忠诚、坚贞、柔和、仁慈。蓝宝石属于传统的五大名贵宝石之一。在古代，蓝宝石便已体现出它应有的宝贵价值，常被镶嵌在权杖、皇冠之上，地位十分崇高。这种深邃如夜空的宝石，被古人视为吉祥之物，充满了神秘的色彩。早在古埃及、古希腊和古罗马时代，它已经被用来装饰清真寺、教堂和寺院，并作为宗教仪式的贡品。蓝宝石还与钻石和珍珠齐名，成为英国国王和俄国沙皇的皇冠及礼服上的重要饰物。皇家蓝这种浓郁的蓝色，起源于18世纪的英国皇室。矢车菊原本专指来自克什米尔产区的具有丝绒感的高品质蓝宝石的颜色，矢车菊蓝宝石的价格远超过普通的皇家蓝宝石。尽管现在市场上难以找到克什米尔出产的蓝宝石，但在马达加斯加等地，仍能发现一些有丝绒感的矢车菊蓝宝石，其价格相对亲民。

蓝宝石戒指

　　十月份的生辰石是碧玺和欧泊。碧玺作为中国历史上的一颗璀璨明珠，深受人们的喜爱，其背后有着丰富的历史和文化内涵。据历史记载，清朝慈禧太后钟爱两种宝石：翡翠和碧玺。翡翠的魅力无须赘述，其深厚的文化底蕴和无与伦比的艳丽色泽使其在市场上广受欢迎。慈禧太后对碧玺的偏爱让人惊奇，她使用由完整的碧玺石雕刻而成的枕头。然而，历史上的一次变动使这个枕头离我们而去。据说军阀孙殿英曾将这个碧玺枕头盗走，从此它再未出现在公众视野中。

　　欧泊被称为幸运的代表，它象征希望、纯洁与快乐。欧泊也有非常罕见的变彩效应，部分高品质欧泊还有星光效应。人们相信欧泊就是力量的化身，遇到任何困难时，欧泊都可以赐予人们力量。欧泊的品类也有很多，一般分为黑欧泊、白欧泊、晶质欧泊、砾石欧泊与火欧泊五种，大家可以根据自己的预算和审美进行选择。

碧玺戒指

欧泊首饰

十一月的生辰石是黄玉，也称为托帕石。由于市场上易混淆"黄玉"与"黄色玉石"这两个名称，所以宝石级的黄玉常用英文音译名称"托帕石"来称呼。托帕石因其艳丽的颜色与高净度而受到消费者的喜爱。曾有一颗被认为是世界上最大的1640克拉的钻石镶嵌在葡萄牙王冠上，随着鉴定技术的进步，它被证实是一块无色的托帕石。蓝色的托帕石象征着真挚的友情，代表人们对友善与幸福的追求。浓黄色的托帕石因颜色似黄酒，被国人称为"酒黄宝石"，而国外大多称其为"东方黄宝石"，这也是托帕石中的一个优质品种。

十二月的生辰石是绿松石和锆石。绿松石的寓意是吉祥、福运、权贵。绿松石曾被誉为天国宝石。当时，人们都认为，佩戴绿松石能获得幸福。在藏族地区，绿松石被认为是神的化身，带有浓烈的宗教底蕴。我们中国就是绿松石的主要产出国之一，在湖北、安徽、陕西、河南、新疆、青海等地均有绿松石产出。

托帕石饰品

绿松石首饰

锆石，在日本被称为风信子石。它代表坚韧与成功。在西方人眼中，它还有催眠的作用。它有很多不同的颜色，比如黑色、白色、橙色、褐色、绿色等等。我们在市面上常说的"锆石"，其实是合成立方氧化锆，它不是天然的，和天然锆石有着完全不同的成分，常用来仿制钻石。合成立方氧化锆，主要起装饰作用。在选择天然锆石的时候，也要重点注意有些低型锆石有较强的放射性，因此要尽量避免购买这类锆石。

市面上关于十二月生辰石的版本非常多，上述版本来自美国国家珠宝商协会。生辰石的象征意义更多是基于传统与文化意义，而非天生的属性。人们通过生辰石来纪念生日，逐渐成为一种文化习俗。如今生辰石不再局限于欧美国家，其月份对应关系已在全球范围内被广泛认可。

锆石

第六节　宝石鉴定

　　我想告诉大家一个事实：大部分的彩色宝石仅通过照片或视频无法准确鉴定真伪，更无法判断其是否经过处理，所以线上鉴定珠宝并不可取。

　　我经常在各个新媒体平台收到大家发来的私信，希望我能帮忙鉴定他们手头的宝石或原矿。他们大多会提供一些图片或一段视频，询问我这个石头是否是天然的宝石或者是否经过加热等处理。我非常感谢大家信任我，但我必须告诉大家，彩色宝石的表现在不同的光线、角度和拍摄环境下有很大差异，甚至在不同的显示器下都可能出现巨大的颜色差异。

矿物标本

　　此外，我们必须明白，珠宝鉴定是一项需要大量理论知识和实践技能的工作。它涉及各种珠宝的成分、结构、形成条件、产地特征、市场行情等诸多信息，要掌握各种鉴定方法和仪器操作，识别各种珠宝的仿制品和处理品，以及根据各种珠宝的特点和需求进行合理的评估和保养等。这些技能和知识并不是一朝一夕就能学会的，而是需要长期的学习和实践。因此，仅凭照片或视频，是无法准确判断一颗宝石的真伪和处理情况的。

　　德国哲学家莱布尼茨曾经说过："世界上没有两片完全相同的树叶。"其实这句话放在彩宝身上也很合适，世界上也没有两颗一模一样的彩色宝石，哪怕看上去一模一样的配对货品，在放大镜下所呈现出来的效果也完全不同，比如说它的内含物的情况、晶体的走向等等，都可能完全不一样。

帕帕拉恰戒指

当然，这并不意味着普通人就完全无法对珠宝进行鉴定。事实上，普通人可以通过一些简单的方法来初步判断珠宝的真伪和品质，具体方法如下。

观察珠宝的外观特征，如颜色、光泽、透明度、形状、大小、重量等，与同类或相似的珠宝进行比较，看是否有异常或不协调之处；

触摸珠宝的表面和边缘，感受其温度、硬度、光滑度、锋利度等，看是否与其材质相符合，是否有划痕、裂纹、气泡等瑕疵；

用牙齿咬或用指甲刮珠宝，看是否有变形、掉色、掉屑等现象，以判断其材质和成分；

用磁铁吸附珠宝，看是否有反应，以判断其是否含有铁或其他金属元素；

用水滴法或密度法测量珠宝的密度，与其理论密度进行比较，以判断其是否为真品或掺杂其他物质；

用火焰或高温加热珠宝，看是否有变色、变形、熔化等现象，以判断其是否天然或经过处理；

用紫外线灯照射珠宝，看是否有荧光或磷光现象，以判断其是否为某些特定的品种或经过染色；

用 10 倍放大镜观察珠宝的内部结构和表面细节，看是否有纤维交织结构、微波纹、包裹体、裂隙等特征，以判断其种属和品质。

以上这些方法都是一些常识性的或者可以利用简单的工具实现的鉴定方法。但是，这些方法并不完全可靠和准确，因为不同的珠宝有不同的特性和变化范围，并且随着科技的发展，一些仿制或经过处理的珠宝越来越难以区分。因此，普通人要想对珠宝进行更深入和专业的鉴定，就需要掌握和借助专业的知识及仪器。

另外，我想强调一点，对于某些高端珠宝品牌，如卡地亚和宝格丽，我们是可以通过照片或视频进行初步鉴定的。例如，卡地亚的金饰颜色特殊，其 18K 金饰颜色偏红，而 18K 红金饰颜色则略偏黄，这种特性使得仿制品很难完全复制。看戒壁内的钢印也是一种判断真伪的方法，大品牌的钢印底部是通过特殊工具压制的，非常平整，而仿制品则通常通过激光雕刻，会留下明显的灼烧痕迹。

对于高端手表品牌，如劳力士，由于其批量生产和一致的品质控制标准，我们可以通过照片和视频进行简单的鉴定，比如劳力士皇冠造型的位置和表扣的细节等等。

如果你想准确了解手中宝石的真假和品质，我建议将其送至专业的珠宝玉石检测中心进行鉴定，如国家珠宝玉石质量检验检测中心（NGTC）。这些专业机构会为你出具鉴定证书，为你解答心中的大部分疑问。

第七节　镶嵌的价格如何计算？

镶嵌费用主要包含了金、工、石三个方面的费用。

在谈到"金"的时候，有一些关键词需要大家了解，例如：足金、K金、白金、铂金、24K金、18K金、14K金、9K金。小伙伴们是否清楚这些术语的含义呢？

如果我们有 24 个空格子，这些空格子全都填充了黄金，那么就是 24/24，我们通常称为 24K 金，也是许多金店中常说的"足金"。它的含金量接近 99.99％，几乎相当于 100％，是一种纯度极高的贵金属。

若 24 个格子中只有 18 个填充了黄金，剩下的填充了其他金属，那么这就是我们所说的 18K 金。18K 金的含金量大约是 75％，另外 25％填充的是其他金属，例如铂金、银、铜等。有时，里面甚至会包含十几种不同的金属，每个工厂都有自己的独特配方，这种配方通常是保密的，这种叫"补口"。这 25％的其他金属有两个主要作用：一是改变金属的颜色，二是调节其硬度。白色、黄色和玫瑰金色的 18K 金是最常见的。由于 24K 金属于硬度较差的贵金属，所以镶嵌宝石或钻石容易脱落。相比之下，18K 金的硬度明显更高，因此在镶嵌小钻石时不容易掉落，所以我们在制作珠宝时，常会使用 18K 金。

14K 和 9K 金的含金量分别为 14/24 和 9/24，同理，10K、6K 等其他类型的金也是按照这种规则计算含金量的，它们的含金量都相对较低。日本和韩国的一些小清新饰品可能会使用这些。如果不是出于成本控制的目的，我们还是更倾向于推荐使用 18K 金。

我们平时所说的"白金"，其实在大部分情况下指的是白色的 18K 金。另外，还有一种我们常用的贵金属叫铂金。铂金相对更简单，用"Pt"表示，通常会有 Pt990、Pt950、Pt900 等说法，分别代表铂金含量为 99％、95％、90％。

18K 金首饰

铂金的优点是颜色稳定，不容易氧化。但相对 18K 金来说，铂金的硬度较差，而 18K 金更容易氧化，所以在定制珠宝时，我们会根据款式的特点选择合适的贵金属。在成本方面，18K 金的价格通常是国际金价的 75％，铂金的价格也是以国际金价作为参考标准。在实际镶嵌过程中，会有一些损耗。

在制作珠宝首饰的过程中，首要关注的环节是设计与工艺部分。设计费是基于设计师的报价，而基本的工艺费则取决于首饰的制作难度，包括比如 3D 设计和蜡型制作等步骤。一般来说，简单的戒指可能只有较低的工艺费，包含复杂手工技艺的项链和手镯的工艺费可能会较高。

18K 金镶嵌彩色宝石戒指

接下来，我们还需要考虑首饰中使用的各种宝石，它们通常可以分为主石和副石两类。主石的价格通常较高，而副石，也就是首饰中使用的较小的宝石，其价格一般也是用克拉来计算的。尽管单颗副石的价格可能相对较低，但由于它们的数量众多，因此副石的总费用仍然会构成一笔相当大的开销。

最后，我们还需要计算首饰的总成本。首饰的总成本不仅包括金工和宝石的价格，还需要考虑其他因素，例如房租、水电、人力资源、管理费用、生产设备以及税费等开销。一家正规运营的公司会将这些成本均摊到每一件首饰上，并且预留一部分利润。

第八节　珠宝镶嵌工艺

　　珠宝镶嵌工艺可以分为普工、精工和高定工艺。普工主要应用于价格较低的产品中，其工艺费用相对较低，使用的金材和宝石品质一般，钻石甚至可能存在肉眼可见的瑕疵。

　　精工则常见于知名商家和大品牌的产品中，其工艺费用高于普工，采用的钻石品质较高。以六爪钻戒为例，精工与普工的产品在金重控制、内弧设计、爪部对称性等细节上会有显著的差异。

　　高定工艺的难度主要体现在设计的实现上。与普工和精工相比，高定工艺的设计往往更为复杂，充满层次感。这意味着设计师需要细致入微地考虑每一个设计的细节，包括立体造型的交叉、延伸、色彩分布以及榫卯结构等，这对设计和制作的精度以及技术都提出了更高的要求。

六爪钻戒

用分色工艺与珐琅工艺制作的首饰

　　因此，我们可以看到，高定工艺的制作过程非常复杂，从工厂最初的起版画图步骤开始，就面临着诸多挑战。在讨论工艺时，我们不得不提到一个著名的珠宝品牌——布契拉提。布契拉提以其独特的设计和精湛的工艺而闻名，它最引人注目的其实就是传承于意大利的手工工艺，比如织纹雕金、蕾丝工艺、拉丝工艺、边缘切割纹理等等，这些工艺在整个制作的过程中加入了非常多的手工部分，而且只有手艺精湛、经验非常丰富的老工匠才能做。这也是高定工艺和其他工艺不同的地方。

　　金属编织工艺也是高定工艺的一种。贵金属的编织工艺并不是什么新鲜的东西，但要真正精通这一工艺并非易事。贵金属编织工艺起源于中国，经过意大利数代能工巧匠的不懈努力，已经发展到了一个新的高度。

　　大部分市面上的18K金首饰都是通过3D绘图和蜡模铸造出来的。几年前，精确度极高的CNC（数控机床）制作的首饰特别受欢迎，无论直线还是凹陷部位，都精确到毫厘。然而，随着审美观念的变化和工艺技术的不断进步，手工制作的首饰逐渐成为新的潮流，人们认为它们更具个性和特色。比如三色

比较复杂的拉丝工艺首饰

编织工艺戒指

编织工艺，这种工艺延续了皇室珠宝复杂而精细的制作方法，与柔和精致的花丝工艺有所不同。制作此类首饰必须采用一号纯金，并配以意大利特制的焊料，才能铸造出色泽明亮、弹性适中的三色金。使用国产材料制作，你会发现金丝的韧性不足，在编织过程中容易断裂，且金丝的粗细难以控制，使得成品的尺寸和接缝难以精准把握。如18K金的金丝编织手镯，它是用极细的金丝手工编织而成。这种贵金属编织工艺需要耗费大量时间，以及有自始至终的敏感度和专注度，才能营造出丝绒般的质感。国内的花丝工艺也能呈现类似效果，但还是存在一些细微的差别。在金丝编织过程中，看不出任何焊接痕迹，整个过程流畅无比。这种设计结合了古老传统工艺与现代造型艺术，符合当下最热门的国潮风。然而，这种工艺对工匠的技艺要求极高，制作难度大，所以价格相比普通倒模产品自然会高一些。

珐琅也是高定工艺的一种。它的历史非常悠久，早在两千年以前就已经存在了。现在已知的最早的珐琅制品可以追溯到公元前十三世纪。古时候的印度和波斯都有非常精湛的珐琅工艺流传于世。大家熟知的景泰蓝也是一种珐琅工艺。珐琅的基本成分就是石英、长石、硼砂，还有氟化物等等。有人说珐琅就是把很多天然的宝石研磨成粉末，经过加工制造出来的一种珠宝。中国古代会把附着在陶瓷表面的这一层东西叫作釉，附着在建筑上面，特别是瓦片上面的叫作琉璃，附着在金属表面的叫作珐琅。

根据制作工艺和施釉方法的不同，珐琅可分为掐丝珐琅、錾胎珐琅、内填珐琅、透明珐琅等。珐琅成品看起来非常美丽，在制作过程中需要极大的耐心，且温度和时间控制极为困难。不同的颜色对应不同的成分和矿物，每种矿物的熔点各异，因此，在实际操作时，薄厚程度不同将导致所需的加热温度和时间有所差异。加热使用专门的烤炉，工匠要根据经验设置参数，开炉就像开盲盒一般，充满了未知和期待。开炉时，最令人担忧的两种情况是产品烧裂和出现气泡。如此繁复而精致的珐琅工艺，被广泛应用于众多高级腕表之上。

对于预算有限且不过分关注工艺细节的朋友，可以选择普工制作的首饰。

珐琅工艺首饰

大部分行外的人可能只能感觉到它与高级制作的产品有所差异，但具体的细节难以看出来。如果你对品质有较高要求且偏爱经典款式，建议选择精工制作，其价格虽然相对较高，但与普工相比，差距并不明显。而对于那些追求顶级品质、希望获得传家宝级别首饰的人，如果预算充足且主石选得好，可以考虑高定珠宝。这与男士定制西装相似，不同价位的工费对应的西装，只要穿在身上就能明显感受到它们的差异。

第九节　宝石的优化与处理

你知道宝石优化处理的方法有哪些吗？哪些方法是业内接受和认可的？如果不了解这些内容，你花大价钱购入的宝石，可能会一文不值。

众所周知，我们常见的各种美丽宝石都是在不同的地质环境中，经历了漫长的化学反应，才得以将最美的一面展露于世。我们无法人为地干预它们的形成过程，所以它们都是大自然的馈赠。随着生活水平的日益提高，大家对宝石的需求量也越来越大，但是自然界的资源是有限的，宝石新矿床的发现速度无法满足社会的需求，完美无瑕的天然宝石也并不常见，资源的稀缺性决定了人们不得不对那些品质不高的天然宝石进行优化处理。我们常说的优化处理方法，可以理解为天然宝石除了切割打磨以及抛光之外，其他用于改善宝石外观、耐久性或可用性的所有方法。

彩色宝石

优化处理的方法细分为两大类。优化是指传统的、被业内广泛接受的、可以进一步激发珠宝玉石潜在美的方法，比如我们常说的加热处理、漂白、浸无色油等等。通常用优化方法处理过的宝石，依然属于天然宝石的范畴。而处理则是指非传统的、尚未被业内接受和认可的处理方法，比如染色处理、表面扩散处理等等。用这些方法处理过的宝石，不属于我们说的天然宝石的范畴。

传统加热蓝宝石戒指

可能上面提到的概念比较抽象，那我就给大家举一些例子，帮助大家更好地理解。比如，我们经常听说"有烧蓝宝石"，这里的"有烧"就是指经过传统加热的蓝宝石。并非所有的蓝宝石原矿挖出来就可以直接切割打磨，加工成宝石，有一些蓝宝石原矿本身并不优秀，它们可能颜色比较浅或者原矿内有大量的包体，所以我们会通过加热的手段来改善它的颜色和净度。传统加热的方法并不会改变宝石本身的分子结构，所以传统加热是市面上非常常见并且被广泛认可的一种优化手段。蓝宝石除了热处理之外，还有辐照处理、表面扩散处理、铍扩散处理、填充处理、染色处理等等。大家要切记，有很多处理手段是业内不认可的，即便经过处理后的宝石非常漂亮，但它已经不再属于天然宝石的范畴。如果你花大价钱购入了一颗经过染色或者填充处理的蓝宝石，那大概率是要血本无归的。

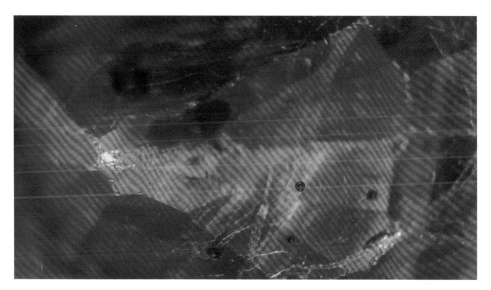

无色玻璃填充的红宝石

可能很多小伙伴看到这里，会感觉非常害怕，毕竟宝石优化处理的方法多种多样，作为外行肯定是没有办法一一辨别的。但是大家不用过于担心，因为无论商家对宝石动过什么样的手脚，只要送到专业的鉴定机构里，商家的小心思就会原形毕露。大家只要谨记以下两点：第一，一定要找靠谱的商家；第二，一定要让商家出具权威鉴定机构的鉴定证书。只要做到了这两点，大概率是不会上当受骗的。

第十节　珠宝首饰如何保养？

每一件珠宝，都是手艺人精雕细琢、耐心研磨出来的艺术品，而购买珠宝的顾客，无一不希望自己的珠宝能够长久绽放光华。这就涉及宝石的保养与护理，而不同品类的宝石，其保养方式不尽相同，让我们一同深入了解宝石的保养秘籍，赋予珠宝更长久的生命力。

首先，我们来探讨那些硬度较高且净度优良的宝石，它们的莫氏硬度均在7以上，包括众所周知的钻石、红宝石、蓝宝石、金绿宝石、尖晶石、碧玺等。由于这些宝石的硬度高、净度高，它们天然具有很好的抗冲击和抗磨损性能，因此，只要避免在日常佩戴中遭受强力撞击，它们就能够长时间保持原有的光泽。

在珠宝柜台选购这类宝石时，销售员可能会建议你避免让宝石接触酸碱性物质，并且在洗澡或做家务的时候尽量不要佩戴。实际上，这些硬度和净度较高的宝石对酸碱性物质并不敏感，即使在洗澡时佩戴它们，也不会有影响。相比之下，你可能更需要关注镶嵌宝石的金属部分，例如18K金或铂金，因为这些贵金属在接触到酸碱性物质时，可能更容易氧化。

对于祖母绿这类本身有较多内含物和裂隙的宝石，我们需要更为谨慎地护理。清洗这类宝石时，不宜使用酸碱性强的清洁剂，尤其不能使用超声波清洗，以防振动过度导致内部油脂流失或裂隙扩大。实际上，我们有一些独特的小窍门可以帮助祖母绿恢复生机。如果祖母绿跑油，我们可以用儿童润肤油浸泡一段时间，就能够使其恢复原有的美貌。

值得注意的是，一些特殊的宝石，如黄色蓝宝石和帕帕拉恰，由于致色因素比较复杂，颜色并不稳定。对于这类宝石，我们应尽量避免在高温和强光环境中佩戴，因为这可能导致颜色的淡化甚至消失。

再者，一些硬度较低、稳定性较差的宝石，例如欧泊和珍珠，则更需要我们的细心呵护。这类宝石不能接触酸碱性物质，以免受到腐蚀，同时还应避免摩擦，以防产生划痕或磨损。在不佩戴的时候，我们可以用柔软的布料包裹起来，清洁时须确保所使用的布料是干净的。

碧玺首饰

18K 金首饰

祖母绿戒指

黄色蓝宝石戒指

至于珠宝常用的金属，我们通常选择 18K 金或者铂金。18K 金虽然经久耐用，但长期佩戴后，仍可能会出现氧化现象。此时，只要将其送至珠宝店进行一次翻新，就能恢复原有的光泽。另外，铂金虽然不易氧化，但其硬度相对较低，可能会出现划痕或者有些变形，这种情况同样是可以翻新的。另外，大家也不用担心克重会减少，其实日常佩戴所导致的损耗是微乎其微的。

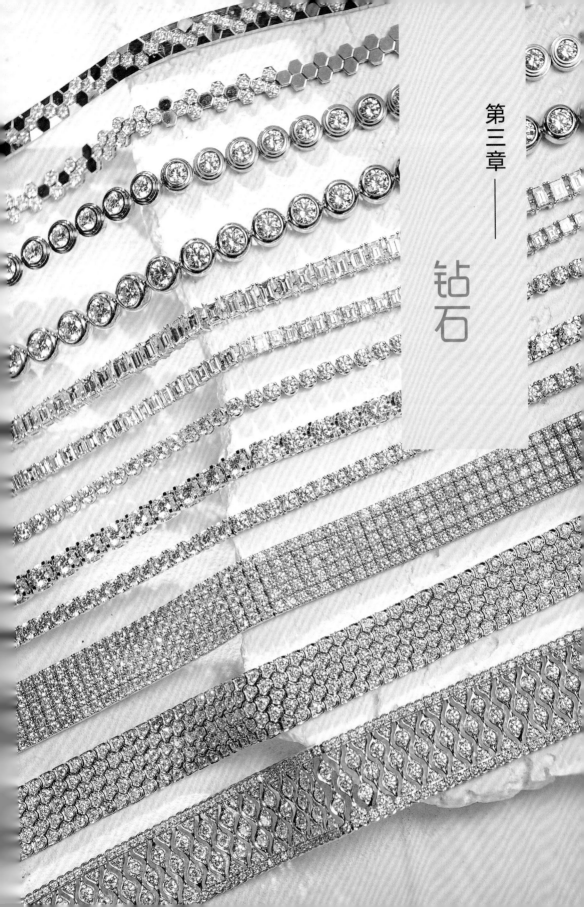

第三章 ——

钻石

钻石的宝石学基础信息
英文名称：Diamond
矿物名称：金刚石
化学成分：主要元素为 C，可含有 N、B、H 等微量元素
颜色：无色至浅黄。褐、灰系列（无色、淡黄、浅黄、浅褐、浅灰等色）、彩色系列（黄、蓝、绿、橙、粉红、红、紫红、黑等色）
光泽：金刚光泽
莫氏硬度：10
密度：3.52 ± 0.01g/cm^3
折射率：2.417
荧光：无至强，蓝、黄、橙黄、粉等色。在短波下，荧光常弱于长波
特殊光学效应：变色效应（极稀少）

 第一节　钻石的参数如何挑选？

　　当我们谈论钻石的参数时，最重要的就是钻石的 4C：切工、颜色、净度和重量。这四个参数的英文首字母都是 C，因此简称 4C，这个标准是由美国宝石学院（GIA）制定的。

　　今天，我们熟知的圆形钻石切割方式被称为"标准圆钻形切工"。在钻石切割的早期，充满了各种探索。最初，人们不知道钻石可以被切割，后来才摸索出用两颗钻石互相摩擦来做出不同的形状的方法。磨盘的发明进一步革新了钻石的切割技术，由此产生了"玫瑰切工"。这种切工形状有点像被切割的土豆，可以最大限度地保留钻石的重量。但在这个时期，人们尚未完全了解钻石的折射率和色散特性等。

标准圆钻戒指

　　标准圆钻形切工经过长时间的优化，逐渐成为主流。这种切工方式的优点在于光线能够从钻石的台面进入，在底部产生折射和全内反射后，光线再从不同刻面折射出来，使得钻石熠熠生辉，仿佛无数个小镜子将光线不断反射到我们的眼中。除了标准圆钻形切工，市场上还有许多其他的切割方式，如心形、马眼形、水滴形、祖母绿形、垫形、雷迪恩形和阿斯切形等，它们都是一代代从业者不懈努力和探索的成果。

　　理想的钻石原石是八面体形状，就像两个底靠底的金字塔。在合适的位置使用激光切割原石，可以得到一大一小两颗钻石原石。之后，将这两颗原石分别进行打磨和精切，就可得到两颗标准圆钻形切工的钻石。但实际上，我们拿到的原石往往并非完美的八面体，可能会遇到六面体或十二面体，甚至存在天然裂痕或有颜色较暗包裹体的八面体原石。

不常见的花式切工钻石首饰

当我们遇到形状扁平的钻石原石时，需要根据原石的原始形状来选择切割方式。如果坚持采用标准圆钻形切工方式，可能只能获得几颗大约 0.3 克拉的小钻石。然而，如果选择与原石形状更为匹配的切割方式，如水滴形，我们可能会得到一颗超过 1 克拉的钻石，其价值远超过几颗小钻石的总和。因此，为了更好地适应原石的形状，我们有时会选择花式切工。一般来说，由于花式切工能够在切割过程中保留更多的原石，减少材料的损耗，其价格通常比标准圆钻形切工的钻石低，大概为后者的六到七成，因此更具性价比。

钻石的切工主要包含三个方面：切工比例、对称性和抛光。其中，切工比例涵盖了众多参数，如冠角、亭角、全深比和台宽比等，这些都是衡量钻石比例的重要参数。若钻石切得过薄或过厚，都会影响火彩。有些人追求台面大，但台面过大，会使钻石变薄，从而可能漏光，产生鱼眼效应。其次，抛光的好

水滴形钻石

坏也是一个重要的考量因素，主要看是否存在抛光纹。如果放大观察，发现钻石的某个刻面上存在平行纹理，那便是抛光不好导致的。

对称性相对容易理解，就像手表，从中心点到 12 点、3 点、6 点、9 点方向的距离应该是一致的，同理，观察钻石，从台面正上方向下看，底尖到各个方向的距离是否一致，以及各个同类型刻面是否形状一致，都是评价对称性的标准。

切工的评级包括 EX、VG、GD、FAIR 和 POOR。一般来说，建议在预算允许的情况下，选择三个参数都为 EX 的，也就是常说的 3EX 切工。对于花式切工，由于没有切工比例的评级，仅会标注一些基础参数。一些花式切工，如椭圆形、马眼形或水滴形，可能会有较为明显的领结效应。这种效应虽难以避免，但应尽量选择不太明显的，以保持钻石的美观度。由于花式切工难以拥有完美的对称性，因此在选择时，只要是两个 VG 以上的切工便不错了。

有领结效应的马眼形切工钻石

钻石的颜色主要可以分为两大类：白钻和彩钻。白钻并不意味着钻石完全呈白色，而是表示钻石的颜色范围是从无色透明到浅黄（浅褐、浅灰）。尽管这些钻石可能带有轻微的色调，但用肉眼观察，大部分仍然接近无色。在钻石的颜色等级中，最高级别是 D 色。

那么，你可能会好奇：为什么颜色等级是从 D 开始，而不是从 A 开始呢？这其实有历史原因。在美国宝石学院（GIA）制定钻石 4C 标准之前，市场上已经有了 A、B、C 的颜色分级。为了避免与之混淆，美国宝石学院便从 D 开始进行颜色级别划分。这样的设定也预留了一些空间，以便在未来如果发现更无色、更透明的钻石时，有可能将其归到 A 级、B 级或 C 级。另外，还有一种有趣的解释，即 D 是 "Diamond"（钻石）的首字母，这也是颜色等级从 D 开始的原因之一。这些都是关于钻石颜色等级起始字母的主流解释。

彩钻首饰

通过比色石观察钻石颜色时，我们可以明显看出，从 D 色开始，钻石会逐渐带有一些色调。对于未经专业训练的人来说，用肉眼观察时，H 级别以上的钻石颜色看起来相对纯净，不太容易看出黄色调。市场上，I 色和 J 色的钻石卖得非常好。如果预算充足，推荐选择 H 级别以上的颜色；而对色彩较为敏感的人，建议选择 F 级别以上的颜色。通常不推荐 I 级别以下的钻石，因为大多数

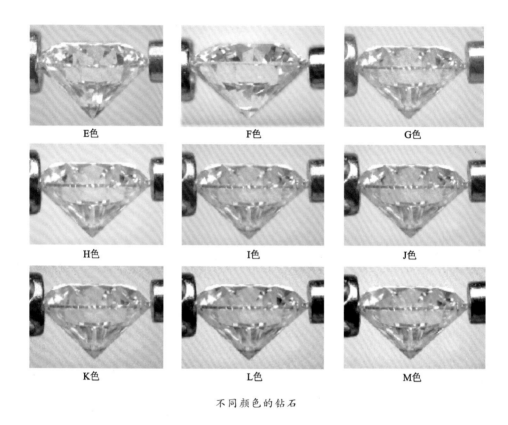

不同颜色的钻石

人能够看出明显的色调，佩戴起来可能会显得不够美观，除非有特别设计来凸显其特色。

颜色级别越低，钻石会呈现出越明显的黄色调和灰色调，到一定程度会呈现香槟色，利用 18K 金镶嵌这样的钻石会显得别致有趣。通常，钻石镶嵌主要采用铂金和 18K 白金，这两种银白色金属能够提升钻石的色度，使其用肉眼观察时，色度更容易被接受。

白钻的颜色范围是从 D 色到 Z 色，超出这个范围的便属于彩钻，例如黄色、褐色或灰色系的钻石。然而，粉钻、蓝钻、绿钻、红钻等罕见颜色的钻石一旦出现，就会在颜色分级里体现，大约从 G 色开始就会在颜色分级中标注。市场上，黄色钻石较为常见。在评定彩钻时，评价标准与彩色宝石类似。对于粉钻、红钻、蓝钻等高价色彩的钻石，首先要考虑的是颜色怎么样，切工和净度只要不太差即可，因为高级彩钻的价格非常高。

　　在购买彩钻时，建议尽量选择中等以上的颜色等级。以黄钻为例，建议选择 Fancy Yellow（中彩黄）以上的颜色，达到 Fancy Intense Yellow（浓彩黄）或者 Fancy Vivid Yellow（艳彩黄）会更为理想。黄钻的价格与白钻相当，通常会比白钻便宜一些。相比之下，褐色系的钻石价格会明显低于白钻，1 克拉的褐色钻石价格在几千元到一两万元之间。粉钻的价格跨度较大，1 克拉优质的粉钻可能要几百万元。颜色较为鲜艳且质量上乘的绿钻，价格甚至会超过粉钻。蓝钻和紫钻的价格也非常高，这些钻石通常只能在拍卖会、大型珠宝展览或者影视作品中看到。红钻更是属于极为罕见且昂贵的品类，一颗 1 克拉的高品质红钻可能需要千万元的预算。

黄钻首饰

彩钻首饰

　　钻石的净度有多个等级标准。首先，通过肉眼判断钻石是否干净。距离钻石30厘米、在钻石灯下从正上方观察钻石的冠部，如果未发现明显的净度特征，那么该钻石可被判定为"肉眼干净"，其等级大致为SI级或以上。若肉眼可见瑕疵，则被归类为I级，根据瑕疵程度进一步分为I1、I2、I3。为了更精确地判断净度等级，需要使用十倍放大镜进行观察。在十倍放大镜下，通过转动钻石并观察其背面，若未发现净度特征，那么该钻石可被判定为最高净度等级，分为内外无瑕和内无瑕两种。如果观察到内含物，如一些微小的点状颗粒，且擦拭后依然可见，该钻石的净度等级可能为VVS。SI级别的钻石在市场上较为常见，因其性价比较高而受欢迎。用肉眼观察，SI级别的钻石看起来较为干净，但在放大镜下较易发现净度特征。位于SI级和VVS级之间的是VS级，这一等级的钻石内含物用肉眼和放大镜观察均不易发现，因此VS级钻石通常是较为推荐的。净度等级还有进一步的划分，如VS1、VS2、SI1、SI2。在SI级别中，SI1的质量较好，而SI2则稍逊，可能会有更明显的净度特征，因此通常推荐选择SI1或更高净度等级的钻石。

高净度钻石

钻石的重量以克拉为单位，1 克拉等于 0.2 克。克拉这个单位起源于一种名为"豆荚豆"的种子，其平均重量是 0.2 克。在早期，由于缺乏精密的测量工具，人们通常使用天平进行测量，而豆荚豆的种子便被作为小型物品的称量砝码，这一做法随后被珠宝商借鉴。使用克或其他单位来衡量钻石会显得数值过大。我们平常所说的 30 分、50 分、80 分是指 1 克拉可分为 100 分，故 0.3 克拉等于 30 分，0.5 克拉等于 50 分，0.8 克拉等于 80 分。在考虑钻石大小时，要考虑的因素包括预算和使用场景。早些时候，由于预算有限，人们更倾向于选择 30 分、50 分、80 分的钻石；而如今，许多年轻人的预算较高，很多都是 1 克拉起步，甚至买 2 克拉、3 克拉、5 克拉的钻石。在购买钻石时，不必过于纠结选择 1.01 克拉、1.02 克拉、1.03 克拉这类略大于整数克拉的规格，选整数克拉完全没有问题。

内部有包裹体的钻石

把紫外灯照在钻石上，如果钻石发出微弱的蓝色、黄色甚至绿色的光，这种就是钻石的荧光。大部分钻石都是带有荧光的。荧光有强弱之分，具体分为无荧光、弱荧光、中荧光、强荧光四个等级。前三类，从无荧光到中荧光，我们日常佩戴的时候是完全不可见的，强荧光在日常佩戴的时候大概率也是不可见的。如果我们拿到的钻石，本身它的颜色等级是偏低的，比如说 I 色、J 色的钻石，它会带有一点黄色调。如果它还带了蓝色的荧光，蓝色的荧光会中和掉一些黄色调，效果会比无荧光的看起来更好。如果本身颜色等级比较高，如 D 色、E 色这样的，它没有什么杂色调，这个时候如果带有黄色的荧光，理论上会拉低它的颜值。我们在采购的时候就发现，当钻石颜色等级偏高的时候，比如 H 以上级别的钻石，无荧光的肯定会贵一点，有荧光的便宜点。但当钻石本身的颜色级别偏低，并带有蓝色的荧光，这时候价格相比无荧光的反而会高一点。需要强调的是，荧光对人体是没什么伤害的，并且它对钻石本身的耐久度也是没有影响的，可以放心佩戴。建议大家在选择的时候，尽量选择无荧光到中荧光区间，颜色选择蓝色荧光即可。

钻石的荧光反应

钻石表现出的特性通常有两种情况。第一种是有强烈的荧光反应。这是因为在自然界中存在许多种紫外线，当紫外线照射在钻石上时，就会产生荧光反应。如果这种荧光反应特别强烈，肉眼可见，钻石看起来会有些朦胧的感觉，这就是所谓的"奶钻"。奶钻就像一滴牛奶滴入清水中，虽然依然透明，但略显浑浊。

不仅钻石，许多彩色宝石也会呈现这种朦胧的效果，我们一般称之为"奶体"宝石，常见的如矢车菊蓝宝石、奶体祖母绿以及马亨盖产地的奶体尖晶石等，都极为美丽。

另外，还有一种钻石内部含有无数细小颗粒的情况，这些颗粒聚集在一起，呈现云状的包裹体。这些颗粒可能是钻石体内的小钻石，也可能是其他矿物包裹体。即便这种包裹体通常用肉眼难以发现，但从整体上观察宝石时，会发现它呈现出一种"奶体"或丝绒般的感觉。

有奶体的钻石

在钻石批发环节，我们通常将奶钻分为无奶钻石、浅奶钻、中度奶钻以及重度奶钻。一般来说，外行是辨认不出浅奶钻的。近年来，重度奶钻获得了一个新的商业名称——"冰钻"。这是市场上的商用名称，在国标中并无此命名。这种冰钻看上去的效果就是重度的"奶"，有的人可能会喜欢，大家可以根据自己的审美进行选择。需要注意的是，由于大多数时候，奶钻并不受市场的欢迎，因此其价格通常会低于正常钻石。

咖钻是指有些钻石的颜色有细微的咖色调。正常的 J 色钻石是在无色透明的基础上，带极微弱的黄色调，也有可能是带极微弱的咖色调。虽然同样是 J 色级别，但价值会有差异，所以尽量选择无咖色调的钻石。

在钻石行业内，有三大鉴定机构。第一个是 GIA，即美国宝石学院。我们现在所说的颜色、净度、切工、重量的 4C 标准，便是由 GIA 制定的。因此，GIA 被视为全世界最权威的宝石鉴定机构，事实也证明，其检测标准是非常稳定和可靠的，这一点在业内得到了广泛认可。第二个是 IGI，国际宝石学院。我们经常听到的"八心八箭"的标准便是出自 IGI。如果你需要八心八箭钻石的证书，那么只有 IGI 才能提供。此外，IGI 是全世界规模最大的钻石检测机构，在全球多地设有实验室，因此其权威性得到了业界的广泛认可。第三个是 HRD，全名为比利时钻石高层议会。HRD 在欧洲享有很高的声誉，但在中国，该实验室出具的证书相对少见，可能对于非专业人士来说较为陌生。

在切工镜下观察较好的钻石

　　除了上述这三个机构外，国外还有上百家检测机构具备出具钻石检测证书的资质。接下来，我们探讨一下国内的检测机构及其证书。

　　国内较为知名的检测机构包括 NGTC（国家珠宝玉石质量检验检测中心），它代表了国内最高的检测水平。除此之外，还有一些省级检测机构、中国地质大学（武汉）珠宝检测中心、工商联等，都能出具钻石检测证书。我曾对比过这些检测机构出具的证书，发现除了一些不知名的机构外，大多数机构的检测报告并不像大家想的那么不可靠。因此，如果购买钻石仅用于自己佩戴，没有必要一定要国际证书。

为了避免购买到非真品钻石，还是建议消费者将钻石成品送去权威机构进行复检。复检的主要目的是验证钻石的真伪，因为市面上有两百多种钻石仿制品以及一些合成钻石。至于钻石的级别评定，在复检过程中，存在一定误差是正常的，关键是误差不要过大。

第二节　钻石的平替

天然钻石由碳元素构成，是自然界中已知最硬的物质。从晶体学的角度看，钻石属于等轴晶系。钻石是在地球内部高温高压的环境中，经历十亿年才形成的，然后由火山活动将其带至地表。这个形成过程漫长而独特，是大自然的奇迹。宝石之所以被称为宝石，是因为其有三个关键属性：美观度、稀缺性和耐久性。宝石的稀缺性，不仅关乎储量，同时还关乎实际可开采的量。在地球内部，钻石的储量并不少，但由于目前地球的地质活动并不频繁，很难产生新的火山，也就没办法从地球内部带出新的钻石。在考虑矿产资源的稀缺性时，我们也要顾及开采的成本。在非洲的一些小国和深海地区，有丰富的矿业资源，但由于开发成本过高，所以这些资源一直未得到开发。

虽然钻石是市场上极受欢迎的宝石品类，但由于其价格较高，许多消费者在购买时，会考虑选择其他宝石作为替代品。

作为天然钻石的替代品，合成钻石是一个很好的选择。合成钻石也被称为培育钻石或实验室培育钻石等。主流的培育钻石有高温高压法（HTHP）与化学气相沉积法（CVD）合成钻石两种。HTHP 合成钻石是模拟自然界的高温高压环境合成钻石，CVD 合成钻石是在低压环境下合成的。尽管它们的物理性质和化学性质与天然钻石相同，但由于形成方式不同，所以仍存在一些细微差距。目前，这些差距很难用肉眼辨识，但在实验室环境中，可以100％区分出合成钻石与天然钻石。

HTHP钻石毛坯和CVD钻石毛坯

与钻石相比，彩色宝石的合成技术更为成熟。合成彩色宝石的主要方法有焰熔法、提拉法、助熔剂法、水热法等。焰熔法是最简单的，被运用到大规模生产中是在1902年左右。该方法是将红宝石的原材料集中放入类似漏斗的器皿中，加热后，溶液会一滴一滴地从中间管道流下来，从底部不断地往上生长，形态类似小蜡烛。采用焰熔法合成的红宝石价格极低，大批量采购时，平均每克拉仅需几毛钱。当然，也有其他更高级且成本较高的合成方法，例如用水热法合成祖母绿。水热法于19世纪中期被发明出来，在1930年左右合成了第一块祖母绿晶体，在1965年左右实现了商业化生产。水热法合成的祖母绿具有显著优点：尺寸较大，净度极高，颜色可达到顶级的哥伦比亚木佐色。尽管这样合成的祖母绿成本较高，与天然祖母绿相比仍有较大差距，但随着技术的不断升级和迭代，合成品质会越来越好，制作效率也会提高，最重要的是，其成本逐步降低。

外界流传着一种说法，认为合成钻石无法获得鉴定证书，原因是天然钻石的市场被资本家垄断，为了打压合成钻石，故意不为其出具证书。事实并非如此，早在2018年，国内就已经有一些实验室能够对合成钻石进行鉴定并出具证书了。

筛选天然钻石的机器

看上去与天然钻石一模一样的培育钻石

当时，业内发生了一些外行人不了解，但在业内引起了轰动的事情。许多从业人员突然收到了一些品质不错且价格特别低的钻石。最初，大家都认为捡到了便宜，于是进行正常售卖。后来经过检测，才发现这批钻石中混杂着合成钻石。这一发现令人们心慌不已，众多从业人员开始怀疑自己手中的钻石是否也混有合成钻石，这推动了合成钻石鉴定标准的快速建立和完善。

在国际实验室中，最早对合成钻石进行鉴定的是 IGI。旧版的合成钻石证书采用黄色封面，而天然钻石的证书则是蓝色封面。后来，新版证书在内页中详细注明了钻石的生成方法与类型。到了 2019 年 3 月，比利时的 HRD 实验室也紧随 IGI 的步伐，开始对合成钻石进行分级，且分级标准严格按照天然钻石的 4C 标准来制定。GIA 也开始对合成钻石进行分级，但一开始的分级相比天然钻石的 D 色、F 色等分级标准较为笼统。经过一次迭代后，合成钻石的分级标准逐渐与天然钻石一致。

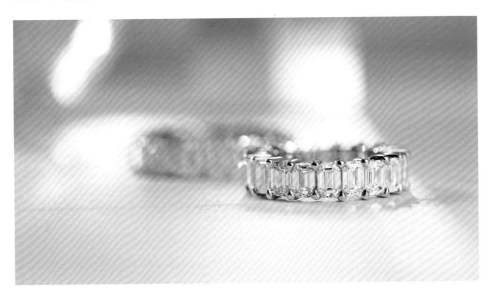

钻石戒指

合成钻石的价格最初是天然钻石价格的一半，随后逐渐降到天然钻石价格的 1/5，现在仍然呈现持续下跌的态势。对于那些喜欢钻石但又认为天然钻石价格偏高的消费者，合成钻石实际上是一个不错的选择。然而，消费者需要有合理的心理预期，因为合成钻石没有保值增值的空间。目前市场上的合成钻石主要以1克拉或以上的正圆形白钻为主。境外已有一些公司能够进行合成钻石的改色，为消费者提供了昂贵的彩色钻石替代品。

随着合成钻石价格的逐步降低，天然钻石的价格反而在某种程度上被推高了。从2021年6月到2022年6月，国际钻石报价经历了六次上涨。尽管2023年白色的圆钻价格有所回落，但异形钻石和彩色钻石的价格基本稳定，其中部分品类甚至出现上涨趋势。与许多金融专家和珠宝界权威人士的预测相反，天然钻石的价格并没有大幅下滑，而合成钻石的价格却在不断触底。事实上，天然钻石的价值持续保持稳定。尽管市场行情的变动以及合成钻石带来的竞争可能导致近年来天然钻石价格有所下探，但从长远的角度看，天然钻石仍是一种投资价值很高的宝石。稀缺性、永恒性和非凡的象征意义使得天然钻石在市场上始终占据一席之地，成为许多人的珍藏之物。

市面上除了合成钻石，还有许多其他宝石可以作为钻石的替代品，例如莫桑石、锆石、白色赛黄晶、白色蓝宝石、白色尖晶石和白色碧玺等。

首先，我们来了解一下较为热门的莫桑石。莫桑石，也称为合成碳硅石，是市场上公认的钻石最佳替代品之一。虽然自然界中确实存在天然莫桑石，但由于其稀缺性，几乎是买不到的。由于莫桑石在硬度、折射率、色散值和净度等方面都与钻石非常接近，它因此非常受欢迎。

天然钻石的评价标准主要是4C，即颜色、净度、切工和重量，有时还会看荧光、证书等；而莫桑石的评判标准在市场上尚未统一，虽然与天然钻石有一些相似之处，但并不完全相同。有些检测机构会按照天然钻石的标准为莫桑石出具检测证书。市场上的许多商家对莫桑石的描述往往模棱两可，例如使用"白色""优级白"等模糊的词汇。莫桑石要比合成钻石便宜得多，最初1克拉的价格是几千元，随着竞争的加剧，价格逐渐降低，现在1克拉莫桑石仅需几十元。因此，它成了价格亲民且适合日常搭配的钻石替代品。

对于那些希望选择天然宝石作为钻石替代品，且希望价格更亲民的消费者，白色蓝宝石、白色尖晶石和白色碧玺等是不错的选择。这里所说的"白色"，实际上是市场通用说法，指的是无色蓝宝石、无色尖晶石、无色碧玺。这些宝石由于产量较少，在市场上较难买到。另外，锆石和赛黄晶也是市场上较为热门的天然宝石的替代品。

白色碧玺

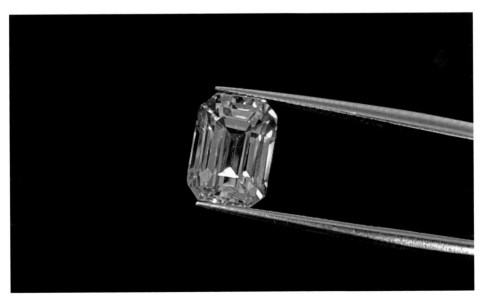

白色蓝宝石

天然锆石有多种颜色，比如黄色、绿色、红色、红棕色和蓝色等。它是一种硅酸盐矿物，在日本被称为风信子石，有强玻璃光泽至亚金刚光泽，是一种高色散、高折射率的宝石。无色锆石因其亮光以及五颜六色的火彩而闻名。长达几个世纪以来，锆石经常被误以为是钻石。在西方人看来，锆石是可以起到催眠的作用的。睡眠不好的小伙伴可以考虑佩戴锆石午休。锆石本身很漂亮，但因为市场上所谓的"锆石"过于出名，对天然锆石的影响巨大。在 20 世纪初，无色"锆石"被广泛用作钻石仿制品。天然锆石是硅酸锆（$ZrSiO_4$），合成锆石是立方氧化锆（ZrO_2），但是部分厂家及销售故意将合成锆石简称为"锆石"，不会告知消费者他们购买的其实是合成锆石而非天然锆石。这对于天然锆石来说，影响非常不好。

白色锆石

锆石按其性质可分为低型、中型和高型三个等级。其中，低型锆石具有低硬度、低色散和低折射率的特点，同时还具有一定的辐射性。虽然这种辐射对人体基本无害，但对于普通消费者来说，提及"辐射"这一词就可能会引发恐慌。亮橙色和绿色的锆石有很大可能是低型锆石，消费者在购买时要留意。

值得注意的是，市面上销售的大部分天然锆石通常都是经过了热处理的。泰国和斯里兰卡是锆石的主要产地，而我国的海南和福建也出产宝石级的锆石。天然锆石的价格普遍较为亲民，1 克拉锆石往往只需几百元人民币。

锆石

很多人认为锆石是被名字拖累的宝石。提到被名字拖累的宝石，就不得不提赛黄晶。根据生活经验，"赛貂蝉"通常意味着不如貂蝉，"赛西施"意味着不如西施，而黄色水晶本身就是一种较为便宜的宝石，那么赛黄晶岂不是比黄色水晶还要低一档？

实际上，在众多用来替代钻石的天然无色宝石中，虽然赛黄晶的火彩不是最璀璨的，但它在综合性能上是得分较高的一个品类。值得注意的是，这里的"黄晶"并不是指黄水晶，而是学名为"黄玉"的托帕石。由于赛黄晶与托帕石在晶形和成分上有相似之处，都属于硅酸盐类，因此得名"赛黄晶"。

赛黄晶是一种化学成分为钙硼硅酸盐的宝石。它的颜色丰富，从无色到浅粉色，从浅黄色到棕色都有。作为钻石的替代品，我们主要选择无色透明的赛黄晶。这种宝石的莫氏硬度为 7，性能稳定，无明显缺陷。其折射率为 1.63～1.64，色散值为 0.017。用肉眼观察，无色的赛黄晶与钻石相似，特别是与 D 色、E 色的钻石类似，但它的火彩较为单一，不会像钻石那样能够反射出七彩光芒。赛黄晶主要产自玻利维亚、缅甸、日本、马达加斯加和俄罗斯，但如今市面上的大多数赛黄晶都来自墨西哥。作为一种非常适合作为钻石替代品的天然宝石，赛黄晶的价格非常亲民，1 克拉仅需几百元人民币。

白色赛黄晶

作为商家，普及天然宝石与合成宝石的知识是其责任和义务。而从消费者的角度来讲，了解这些知识也是十分必要的，这样在购买时会更加理性。像钻石和彩色宝石这类产品，它们并不属于生活必需品，而是奢侈品。如果购买时，考虑到传家之用，或希望它具有保值、升值的功能，那么天然宝石或天然钻石无疑是首选。但如果仅仅是为了搭配衣服，就不必过于纠结是否天然，合成宝石也是一个不错的选择，前提是要清楚它是合成的，并且没有保值功能。

此外，我还想给大家提供一个小建议。如果你准备向心爱之人求婚，那么了解对方的喜好是非常重要的。例如，如果你的伴侣不特别偏爱钻石替代品，那么在选择求婚戒指时，你需要认真考虑是否购买这类产品。这不是硬性规定，而是基于对你和你伴侣的尊重。在这样重要的时刻，理解彼此的感受和期望是至关重要的。毕竟，真诚的爱意和对伴侣喜好的理解，才是最有价值的礼物。

 ## 第三节　碎钻不值钱吗？

有些人可能对碎钻有误解。曾经有一位女明星说过："1 克拉以内的钻石都叫作碎钻，碎钻是不值钱的。"还有一些人认为，钻石切割过程中剩下来的边角料，经过进一步切割所形成的较小钻石就是碎钻。这些都是对碎钻的误解。事实上，"碎钻"这个词，一般是外行人在用，珠宝行业的从业者其实很少用到这个词。在珠宝行业中，人们通常会根据钻石的切割方式，将其分为单反钻石和足反钻石。而为了方便交流，工厂和批发商会根据钻石的重量，将其分为分石和厘石。

单反钻石与我们常见的钻石有所不同。它只有 17 个刻面，除了最大的台面，上下各有 8 个小刻面。这种钻石的火彩可能并不出色，因为它通常是用钻石切割剩下的边角料改切出来的。一般情况下，品质较差的原石才会这样处理。你可以将这种单反钻石看作碎钻。

另一种是足反钻石。与单反钻石不同，足反钻石具有完整的 57 或 58 个刻面。众所周知，钻石是自然界中最硬的物质，所以在如此小的一块石头上完整地切割出 57 或 58 个刻面，是相当有难度的。

钻石的重量通常以克拉为单位，1 克拉等于 0.2 克。1 克拉可以细分为 100份，每一份称为 1 分，即分石，更小的单位是厘石。举例来说，当我们提到 5厘或 8 厘的钻石时，实际上是指 0.005 克拉或 0.008 克拉的钻石。在评估钻石价

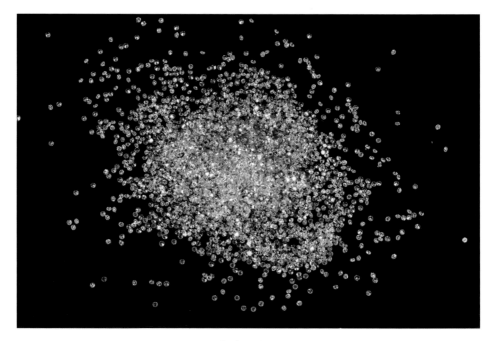

散落的碎钻

值时，无论大小，不管是属于单反钻石还是足反钻石，我们都会根据颜色、净度、切工和重量这四个关键参数来进行评价。这些参数共同决定了钻石的最终价值。

在上游采购小钻石的时候，首先要考察的就是切工，我们需要区分钻石是单反钻石还是足反钻石。接着再通过钻石的直径来进行分类，我们通常会使用一种名为钻石筛的工具来完成分类。这种筛子可以根据直径的不同，快速筛选出人们需要的钻石。而钻石的颜色和净度，也是人们在筛选过程中会提前进行考虑的因素。这样就可以确保采购的钻石在切工、颜色和净度等方面都符合我们的需求。

在采购环节，我们常面临一些挑战，因为供应商可能有不诚信行为。有时，尽管我们明确要求购买 F 色、G 色、VS 净度的小钻石，收到的货物中却可能混入了 30％颜色和净度不符的钻石。这种情况对我们的业务影响巨大，因为我们是以每克拉的价格进行计算的。以每克拉的价格为 700 美元为例，如果我们购买了 5 克拉钻石，那么总价就应该是 3500 美元。但由于供应商的不诚信行为，我们的成本就被迫提高了。

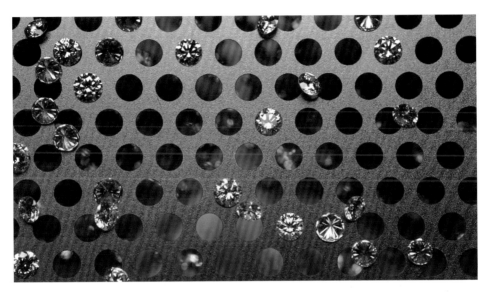

碎钻过筛

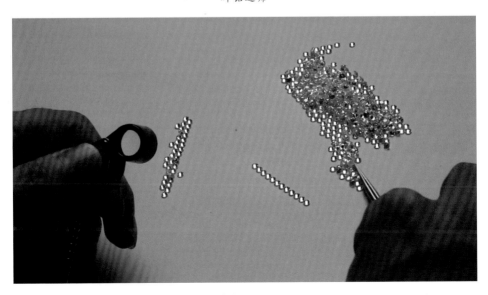

筛选小钻石

大家常常会觉得钻石越小，单价越低，事实并非如此。到了一定程度，越小的钻石，单价反而越高。比如我们买1分的钻石，1克拉里有100颗；但如果我们买1厘的钻石，1克拉里有1000颗，磨100颗和磨1000颗的工作量是完全不同的。即使原材料不贵，但加上人工成本，厘石的克拉单价反而比分石还要稍高一点。哪怕再小的钻石，它都有完整的刻面，有完整的颜色、净度、切工的标准，也有相应的价值，所以千万不要小看它们。

碎钻

 ## 第四节　关于钻石的数学题

首先让大家想一个问题：0.998克拉的钻石，在证书上的重量是99分还是1克拉？

市面上流行一种说法，买钻石不要买1克拉的，要买1.01～1.02克拉的。这个说法由来已久，大家主要担心两个方面：第一，担心钻石有磨损，本来是1克拉的钻石，在佩戴的过程中被磨损后，就变成了99分甚至更小；第二，有人觉得钻石的重量可能会有误差，在实际鉴定的时候，99分多一点的钻石会被四舍五入标注成 1 克拉。

我们可以明确地告诉大家，真的不用过分担心钻石会被磨损。首先，钻石的莫氏硬度是 10，这使得它成为自然界中最硬的物质。虽然莫氏硬度不能完全体现宝石之间的硬度差异，但实际上，钻石的硬度比莫氏硬度为 9 的蓝宝石要高出几百倍。例如，手表的表面所采用的是合成蓝宝石玻璃，在实际使用中，我们会发现，其表面很难留下划痕。而钻石的硬度远远超过蓝宝石，除了在保存时避免将多颗钻石一同存放以外，无须担心日常佩戴会导致钻石磨损。

短视频平台上有很多人说，钻石很容易被敲碎。我曾经做过相关实验，证明钻石并非大家想象的那么脆弱。钻石的耐久性极强，几乎对生活中常见的酸碱性物质具有"免疫性"。在清洗钻石毛坯的过程中，我们有时甚至会使用浓硫酸进行清洗，因此，大家真的不必过度担心钻石的耐久性。

我们来提第二个问题：0.99849 克拉在证书上是几克拉？0.99850 克拉在证书上是几克拉？实验室的秤真的非常精准，精确到小数点后五位，也就是说 0.00001 克拉的重量都能称得出来。万分位到千分位是四舍五入，千分位到百分位是八舍九入。一定要记住这个八舍九入。

完整的算法是：

$$0.99849 \text{ 克拉} = 0.998 \text{ 克拉} = 0.99 \text{ 克拉}$$
$$0.99850 \text{ 克拉} = 0.999 \text{ 克拉} = 1.00 \text{ 克拉}$$
$$1.00849 \text{ 克拉} = 1.008 \text{ 克拉} = 1.00 \text{ 克拉}$$
$$1.00850 \text{ 克拉} = 1.009 \text{ 克拉} = 1.01 \text{ 克拉}$$

如果不知道万分位到千分位是四舍五入，不知道千分位到百分位是八舍九入的话，哪怕是经常数学满分的小伙伴，也未必会算这道题。切割师傅遇到能切出 1 克拉左右的钻石毛坯，肯定会尽量切到 1 克拉以上，没有人会故意切成 99 分。所以在切割的时候，为了切到 1 克拉，哪怕切工差一点或者净度差一点，都能接受。我们在市场上选购钻石的时候，会发现找 1 克拉的钻石其实比找 99 分的钻石更容易，所以大家不用过于担心，可放心选择 1 克拉的钻石。

第三章 钻石

钻石首饰①

钻石首饰②

钻石首饰③

 ## 第五节　同样参数的钻石，价格为什么不一样？

当我们谈论钻石的报价时，需要认识到它是有时效性的。钻石的报价是根据国际钻石报价表进行的。国际钻石报价表是行业内公认的参考标准，会根据市场供需状况、经济条件，以及其他各种因素定期更新。

就如同股票市场，钻石的价格也会有一个浮动空间，有时候高，有时候低。这种价格的变动对消费者和行业来说都有重要影响。

在钻石行业中，美元汇率是一个重要的影响因素，特别是当与国外供应商进行交易时。由于大部分交易都是用美元结算的，因此人民币与美元的汇率变化直接影响国内珠宝商的利润。

此外，供应商对钻石的评估也是关键因素。在交易过程中，通常会以国际钻石报价表作为基础，然后根据供应商和买家之间的谈判情况，确定最终的交易价格。比如，如果供应商愿意在报价表的基础上给予 20％的折扣，买家仍然可以尝试进一步讨价还价，争取更大的折扣空间。在这个过程中，供应商拿到钻石毛坯的成本和销售预期，以及买家的购买数量等因素都可能影响最终的价格。因此，钻石采购过程就像在市场上讨价还价一样，涉及多方面的因素和复杂的交涉技巧。

印度钻石交易所

接下来，我们要讨论的是，即使参数相同，钻石的品级也存在轻微的浮动。以颜色为例，有的 F 色钻石可能更接近 E 色，但又未达到 E 色的标准；同样，有的 F 色可能略低，但又未低到 G 色。在同一颜色等级内，这种浮动虽然非常小，但确实存在，通常只有专业人士才能分辨出来。

谈到钻石的净度，我们会发现，即便在同一净度级别内，其差异会比颜色的跨度要大得多。对于 VVS 或更高级别的净度，只要钻石足够干净，差异并不明显。一般我们的关注点主要集中在 SI 级或者 VS 级别。这两个级别在市场上都是非常受欢迎的。这两个净度级别的钻石里经常会有带颜色的包裹体，这大概率是肉眼可见的，它的价值相对于正常级别的钻石而言，肯定要稍微低一些。

放大可见包裹体的钻石

最后是切工。在切工里，我们会重点关注切割比例这一项。切割比例其实有十几个参数要看，比如冠角、亭角、台宽比、全深比等。如果这十几个参数全部落在 EX 范围里，那最终评级是 EX；如果大部分都达到了 EX，只有一项是 VG，它的最终评级就是 VG。在 VG 里面，全都是 VG 和只有一项是 VG，在最终评级里是看不出来的，但实际上，钻石的品质会有差距。如果是花式切工，就会更棘手，因为在证书评级里面是没有切割比例这一项的。这样就会有很多的猫腻，切工好或不好，在证书上不会显示，只会显示几个基础参数，外行朋友其实是看不太懂的。实际在售卖的时候，看起来同样品级的花式切工钻石的价格就会有很大的浮动空间。

公主方钻石

上述讨论的价格情况主要集中在钻石行业的批发市场里。尽管这些浮动空间通常仅为 1% 到 5%，但对于大量采购的批发商来说，这样的差异还是相当重要的。

当我们转向零售市场时，价格跨度会大得多，这主要体现在销售渠道的差异上。以矿泉水为例，同一品牌的矿泉水在超市、便利店和高档餐厅的价格会有所不同。这个逻辑也适用于钻石行业，同样的钻石在不同零售渠道的售价会有很大的差异。例如，一颗成本为 4 万元的 1 克拉钻石，在钻石定制店可能标价 5 万元，而在一线品牌店里，其售价可能会高达 10 万元。较高的售价不仅包含了品牌所带来的附加价值和优质服务，还包含了品牌溢价。这种品牌溢价在奢侈品市场中是一种常见现象，例如 LV 和爱马仕的皮包，其售价远远超过了原材料和制造成本。

总的来说，同样参数的钻石价格差异来源于多方面因素，消费者在实际选购的时候，可以根据自己的预算和需求选择合适的购买渠道和品牌。

 ### 第六节　钻石是骗局吗？

有一种说法流传甚广："钻石是 21 世纪最大的骗局。"这种说法使得众多消费者在购买钻石时望而却步。在中国，普通消费者对玉石和黄金的了解通常超过钻石。黄金，因其价值和稀有性，长久以来都受到人们的喜爱。由于黄金本身的稳定性、稀缺性以及易于储存和分割的特点，一直被视为最能保值的首饰材料之一。

玉石，尤其是翡翠的分级，相对来说更加复杂。尽管珠宝行业的许多专家为了翡翠的分级付出了巨大的努力，我们可以根据色、种、水、地、工等多个标准来判断翡翠的价值，但实际上，每个分类的判断常常因人而异。此外，由于翡翠首饰的形状多样，市场上虽然存在一些评定标准，但它们难以全面统一和普及。因此，与钻石有明确的分级标准和价格体系不同，玉器的价格至今没有定论。有趣的是，我们很少听到有关翡翠、玉石是骗局或"智商税"的说法。

翡翠项链

我曾经看到一家专营翡翠及和田玉的线下门店，最初以八折促销，随后以五折售卖，再后来变成三折，最终全场一折清货。在中国各地，这类店铺并不少见，我们在许多旅游景点也常能看到以类似方式销售的商店。这难免会让人产生误解，觉得珠宝行业的利润率极高，业内情况深不可测。

哪怕见识过各类玉石骗局，中国老百姓还是对玉石趋之若鹜，对玉石的包容度依旧非常高。其中原因在很大程度上与我们对玉石文化的认同有关。最早的玉器文化可以追溯到几千年前。经历了漫长的岁月演变，民间流传着"黄金有价玉无价""人养玉，玉养人"和"玉能帮人挡灾"等说法。这种几千年的玉石文化让"玉石是场骗局"的说法在中国根本就没有适合生长的土壤。

钻石最早是在印度被发现的。早在公元前4世纪，印度便已经有了钻石贸易。当时，钻石的产量极低，仅供印度当地的达官显贵佩戴装饰使用。到了15世纪，欧洲经济繁荣，印度的钻石便源源不断地流入欧洲，成为欧洲王公贵族

翡翠项链

权力、地位的象征。然而，到了 18 世纪，印度钻石的产量逐渐减少，巴西崛起成为第二个重要的钻石产地。尽管印度和巴西都对钻石行业做出了巨大贡献，现代钻石行业的起源地却是南非。

1866 年，在南非金伯利南方的一个小农场，人们发现了一枚 21.25 克拉的钻石原石，这块原石被命名为优瑞佳（Eureka Diamond）。尽管在 1854 年，其他地方已有钻石被发现的传闻，但这颗优瑞佳钻石成为南非历史上第一枚被载入史册的钻石。随后，在 1869 年，人们又发现了一枚举世瞩目的钻石——南非之星（Star of South Africa），这也标志着南非正式拉开了钻石开采业的帷幕。

　　南非的钻石开采效率极高，能在较短的时间内完成规模化开采，这主要得益于一位名为西塞罗兹的英国人。由于其父亲是殖民长官，西塞罗兹在南非有着得天独厚的优势，逐渐进入当地钻石行业的核心圈。到了 1887 年左右，他成功收购了戴比尔斯矿区几乎所有的矿权。同年，他还击败了老对手巴尼巴内多，将其纳入麾下，并成功取得了一家法国公司的经营权。随后，在 1888 年，西塞罗兹正式创立了至今仍声名显赫的戴比尔斯联合矿业公司。到了 20 世纪初，戴比尔斯公司已掌握了全球 90％ 的钻石原石生产。

钻石毛坯

　　西塞罗兹又牵头成立了伦敦钻石联盟。伦敦钻石联盟帮助他打通了从开采到销售的完整路径，这也让他一时风头无两。此时的西塞罗兹就有了将全球钻石市场归于一盘棋的野心。这个野心同时也给了西塞罗兹和戴比尔斯联合矿业公司极大的责任感，力求让钻石行业向着平稳、健康的方向发展。在其他地区不断出现新矿后，他都会积极进行钻石的购买和矿场的收购，在经济不景气时，也努力地稳住钻石价格，给人们信心。

1929 年，戴比尔斯的总裁换成了奥本海默。他一接手戴比尔斯，就遇到了经济大萧条。一方面，他趁着许多小矿业公司倒闭之际，进行了疯狂的收购；另一方面，也果断让部分大矿停产，控制供应，以求平稳市场。1930 年，他成立钻石公司 DCD，用以取代之前的伦敦钻石联盟，成立了钻石行销公司 DTC，完成了华丽转身，又成立了中央统售机构 CSO，促成了钻石原石的单一管道行销，也初步实现了西塞罗兹的梦想。

在掌握全球钻石市场供应命脉的同时，戴比尔斯公司也深感对行业的责任，因此他们做出了一个意义重大的决定：每年投入 2 亿美元，用于全球范围内的钻石推广和营销。于是，"A diamond is forever"（钻石恒久远，一颗永流传）的广告语由此诞生。

曾经，戴比尔斯在钻石行业独占鳌头，但随着其他国家和地区越来越多新矿的出现，戴比尔斯的地位也随之受到挑战，很快便跌下神坛。目前，全球最大的钻石公司是俄罗斯的埃罗莎。

钻石的整个生态链是非常复杂的，我们从头讲起。假设我们在一个不知名的非洲小国发现了钻石矿脉，首先，我们需要科学的勘探来确定它的钻石储量和品质是否值得开采。假如经过评估，确认这个地方的钻石值得开采，下一步则需要申请开采证。开采证并不是有钱就可以申请到的，它还包含了与当地政府打交道的各类隐形成本。

由于钻石矿可能位于偏远且荒无人烟的地方，甚至连公路都没有，为了保证安全运输，可能需要修建道路来连接码头或就近的城市。为了能够更好地保护自己的利益，可能还要再买下很大一块地。由于钻石矿的占地面积通常很大，需要大量工人进行开采，为了妥善安置员工，还需要额外购地建设矿工镇。矿工镇需要为众多的钻石开采、筛选、运输等人员提供生活设施，以满足他们的衣食住行、医疗服务等基本需求。而且，考虑到员工子女的教育问题，矿工镇还需要建设学校。这样一个矿工镇的建设并非一日之功，至少需要两三年的时间才能逐步完成。

现代钻石采矿涉及多种工具和技术，包括勘探、开采、筛选和运输等，每一环节都要投入高昂的成本。只有在做足了准备工作之后，才可以开始实际的开采。然而，在实际开采的过程中，矿业公司常常会遇到各种问题。例如，突然发现开采出来的钻石品质或数量达不到预期，导致收入无法抵消运营成本，这样的矿区可能就要面临暂时关闭、永久关闭或被转卖的风险。以澳大利亚阿盖尔矿为例，这个矿区是世界上 90% 粉钻的产地，同时产出了极为稀有的红钻和紫钻。然而，即便如此，阿盖尔矿还是在 2020 年 11 月 5 日宣告关闭。关闭的主要原因是该矿区的产出价值已经不足以支撑开采和运营的成本，因此，经营该矿的力拓集团决定关闭阿盖尔矿。未来，只有当彩色钻石，尤其是粉钻的价格上涨到一定程度，使得力拓集团认为能够获得可观利润时，阿盖尔矿才可能重新开放。事实上，正是因为收益率没有达到预期，许多矿业公司最终选择了闭矿。

粉钻戒指

钻石形成于地球深处，并被火山活动带到地表。这些由火山活动而产生的管道被业界称为金伯利管道。钻石的开采是沿着这个金伯利管道螺旋式地向下进行的，因此，许多钻石矿的外观呈漏斗形，其中轴便是金伯利管道。实际上，金伯利管道的周边区域是不含钻石的。在开采初期，作业主要集中在地表，随着开采深度不断增加，为了便于运输，矿区会修建螺旋形的道路。当开采达到一定深度，无法继续进行地表开采时，矿工会转而进行地下开采，先垂直打井，然后横向挖掘以接触金伯利管道。这种开采方式不仅成本高昂，而且风险较大。

很多人认为，一旦在某地发现钻石矿，就意味着能够轻松获得钻石。这种想法与早期钻石矿被发现的故事有关。那时人们发现的钻石矿多分布在相对容易开采的地区，例如非洲、澳大利亚和印度。与早期情况不同，现代的钻石开采主要由专业的大型矿业公司负责，且钻石的来源地越来越偏向于环境更为恶劣的北极圈附近地区，如俄罗斯和加拿大。这些地区常年积雪，地表以下有厚重的冻土层，且气温常年极低，可达零下几十摄氏度。因此，在如此恶劣的自然环境中，钻石的开采难度及成本都相应地大幅度提高。

开采出来的钻石将进入下一个环节：毛坯处理。这一环节主要包括钻石的切割和批发。尽管钻石的开采多集中于偏远地区，但绝大多数的钻石切割工作在世界上一些知名的钻石加工中心进行，例如比利时的安特卫普、以色列的特拉维夫、印度的苏拉特、中国的深圳和美国的纽约。

许多矿业公司更倾向于将钻石送到印度进行切割，这主要有两个原因。首先，印度拥有成熟和丰富的切割技术和经验，能够最大化地保持钻石的光泽和价值。其次，印度的劳动力成本相对较低，即便是精细的手工切割，其价格也相对合理。这种技术熟练度与经济效益的结合，使印度成为众多矿业公司首选的切割地点。

然而，并非所有拥有钻石原石的人都可以随意将其运送到印度。钻石的国际运输必须遵守严格的法规，其中包括在通过海关时，必须出示合法的出口证明，即金伯利进程证书。莱昂纳多·迪卡普里奥主演的电影——《血钻》详细揭露了金伯利进程的背景。金伯利进程旨在阻止冲突钻石流入市场，对于确保钻石贸易的合法性和道德性起到了至关重要的作用。无论何时，钻石原石在海关进出，都必须伴有相应的金伯利进程证书。

钻石的成本涵盖了生态链上下游的开销，但与合成钻石不同，天然钻石的主要成本在上游。矿业公司需要承担巨大风险，同时获得了钻石利润中的最大份额。

虽然钻石在国内也有出产，但整个钻石文化基本源自国外。即便有"钻石恒久远，一颗永流传"这样深入人心的广告宣传语，以及男士凭身份证，一生仅能定制一枚钻戒的珠宝品牌 DR，这种外来文化在国内市场的根基仍然不够牢固。在 2012 年前后，市场上开始涌现出一种钻石的替代品——合成碳硅石。一些商家为了迅速占领市场和赢得消费者的心，给合成碳硅石取了个吸引人的名字，叫作莫桑钻。一方面，他们宣传合成碳硅石无限接近钻石，试图利用钻石文化分走市场份额；另一方面，他们极力贬低天然钻石，将其描述成外国人欺骗国人的工具，从而在市场上制造恐慌。当时，最积极制造和传播"钻石是骗局"这类说法的，正是卖合成碳硅石的从业者。

大约在 2019 年，合成钻石开始在市场上大量出现。随后，这些钻石获得了一个新的名字——"实验室培育钻石"，一下子就变得既高级又环保。我曾与众多合成钻石业内人士交流过，对于天然钻石，他们主要分为两类：一类是态度温和的珠宝商，他们深感天然钻石为珠宝行业带来了繁荣的市场和商机，认为合成钻石是站在天然钻石这个巨人的肩膀上前进的；另一类则是态度较为强硬的珠宝从业者，他们甚至不认为自己是珠宝商。他们沿用合成碳硅石的说法，一字不改地复制了原来的宣传文案，只是将关键词莫桑石换成了合成钻石。这是一种粗暴且低端的商业推广方式，并非明智之举。

钻石与绝大多数商品不同，它不是生活必需品，而是作为一种奢侈品而存在。奢侈品的运营成本通常相对较高，这使得钻石的成本和市场售价之间有很大的差距。比如，某些国外一线奢侈品牌的标价倍率甚至可以超过 10 倍，这意味着一颗成本为 1 万元的钻石，可能会以超过 10 万元的价格售出。

钻石戒指

　　回收也是一门独立的业务。在评估钻石价格的时候，并不会按照超过 10 万元的价格计算，而是在 1 万元的成本上打折，实际回收价格可能仅有几千元，因为二手钻石在销售价格中同样包含了货品成品、资金成本、房租、人工、税费和利润等等。

　　不过，钻石有非常透明的国际钻石报价，也会如同股市一样有涨有跌。如果仅从高昂零售价和超低回收价的角度来证明钻石是"智商税"，其实过于勉强。建议消费者在购物时保持理性，面对不熟悉的领域时，应虚心求教，千万不要人云亦云，做最真实的那个"人间小清醒"。

红宝石的宝石学基础信息

英文名称：Ruby

矿物名称：刚玉

化学成分：Al_2O_3，含 Cr，也可含 Fe、Ti、Mn、V 等元素

颜色：红、橙红、紫红、褐红色

光泽：玻璃光泽至亚金刚光泽

莫氏硬度：9

密度：4.00（±0.05）g/cm^3

多色性：强，紫红、橙红

折射率：1.762—1.770（＋0.009，－0.005），双折射率：0.008—0.010

荧光：长波（弱至强，红、橙红），短波（无至中，红、粉红、橙红，少数强红）

特殊光学效应：星光效应（常见六射星光），猫眼效应（稀少）

　　首先，我们需要明确一个概念：并非所有的红色系宝石都能称为红宝石。市面上常见的红色系宝石有很多种，例如红宝石、红色碧玺、红色尖晶石、红色石榴石等等。在众多的红色系宝石中，只有属于刚玉族、颜色为中等至深红色调的宝石才有资格被称为红宝石。红宝石的晶体属于三方晶系，莫氏硬度为 9，仅次于钻石。因此，在购买红宝石时，大家要注意区分，以免混淆。

　　在选择红宝石时，我们的考虑因素实际上与选择钻石时有些相似。首先，我们需要关注它的基础参数，包括颜色、净度、切工和重量。除了这些基础参数外，还需要注意红宝石的天然性、产地以及鉴定证书。

　　我们来了解一下红宝石的颜色。其实红色涵盖的范围是比较广的，我们一般会用色相、饱和度和明度去形容颜色。简单来说，就是红宝石的红色或淡或浓，有一些会偏亮或偏暗，有一些是正红，有一些在红色中带了一点其他的色调，比如可能带一些紫色调、粉色调或橘色调。在选择红宝石时，我们须谨慎

行事。为了准确判定红宝石的颜色，需要在不同的光线中观测，最好在室内外、冷暖光源下都查看一下。在商场柜台看红宝石时，我们很可能会受到灯光的影响。售卖红宝石的柜台通常使用暖色调灯光，这会使红宝石看起来比在其他环境中更鲜艳、更红。为了确定它的真实颜色，我们可以在旁边的光源下，或在店员陪伴下，将其拿到室外看一下。这样，对颜色的判定会更为准确。另外，值得注意的是，在东南亚等紫外线较强的地方看红宝石，会觉得其颜色看起来比在其他地方更漂亮。

红宝石的颜色，除了刚才提到的这些，还有一个重点要强调，那就是鸽血红的评级。其实在早期，鸽血红评级只限定了缅甸产地的高品质红宝石，但现在在大部分实验室的标准里，鸽血红已经没有地域的限制了。无论是莫桑比克、泰国、斯里兰卡，还是马达加斯加产的红宝石，很多实验室都可以给鸽血红评级。现在，市面上最受欢迎的就是莫桑比克产地和缅甸产地的红宝石。

鸽血红的颜色极其鲜艳动人，宛如流动的血液。有些人可能会觉得这个说法听起来有些吓人，因此还有一种说法是，这种像白鸽眼球的颜色，这一说法更易被大众接受。当我们讨论鸽血红时，常会提到它是"主证鸽血红"还是"副证鸽血红"。以 GRS 实验室出具的红宝石证书为例，左下角的颜色评级里会标注 VIVID RED（鸽血红），如果后面有小括号，写着"鸽血红"，这种我们称之为"主证鸽血红"。另一种情况是，在 VIVID RED 后面有一个小星号，这是一个备注的标志。证书背面会有一个副证，在副证上会说明：根据实验室的标准，这颗红宝石属于"鸽血红"评级，但它没有强荧光。

这里引出了另一个话题——红宝石的荧光效应。尽管在钻石中，荧光很大概率是肉眼不可见的，但消费者通常更倾向于购买无荧光的钻石。然而，在红宝石领域，具有强荧光的红宝石更受欢迎。红色荧光与宝石本身的红色相辅相成，进一步增强了视觉效果，从而提高了其价值。一般来说，缅甸产的鸽血红通常具有较强的荧光，而莫桑比克等地也出产一些带有强荧光的红宝石，但大多数都没有。

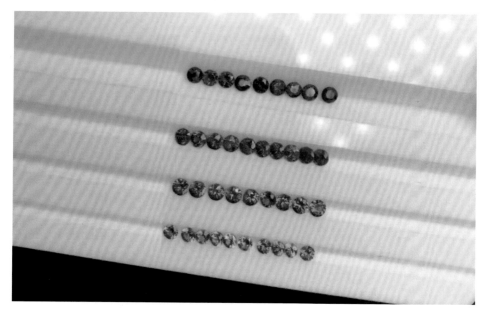

不同颜色的红宝石

缅甸鸽血红

荧光灯下的红宝石

在选择红宝石时，我们建议大家理性选择，因为并非所有带有强荧光的鸽血红都比无荧光的更优质。市场上很多具有强荧光的鸽血红存在偏色的情况。例如，缅甸产的具有强荧光的鸽血红，大多会呈现出明显的粉色调；而来自莫桑比克的无强荧光的鸽血红，其颜色通常更接近纯正的红色。

2023年1月24日，国际权威珠宝实验室古柏林发布声明，推出了一个全新的商业名称——Crimson Red（深红）。要知道，在此之前，古柏林关于颜色评级的商业名称只有两个，一个是鸽血红，另一个就是皇家蓝。最近几十年，其他实验室陆陆续续推出了各式各样的商业名称，比如说我们耳熟能详的木佐绿、沃顿绿、绝地武士等等，但古柏林从未推出过除鸽血红和皇家蓝以外的其他商业名称，所以这一次推出了Crimson Red，可以说是史无前例了。Crimson Red的直译是深红色，我查阅了古柏林官网上的评级标准，给大家总结一下，想要拿到Crimson Red评级，必须满足以下几个要求：第一，宝石必须呈现出高饱和度的正红色调，而且颜色要分布均匀。第二，宝石不能有露底和暗域。第三，宝石必须是天然、无任何优化处理的，哪怕是我们业内所接受和认可的传统加热也不行。第四，宝石必须具有较高的透明度，也就是我们常说的肉眼无瑕的玻璃体。最后一个，也是最重要的一个要求，宝石在短波紫外线下必须是无荧光或弱荧光的。

既然是对红宝石的颜色进行评级，那肯定免不了和鸽血红进行对比。可能有很多人会问，鸽血红和 Crimson Red，哪个的含金量更高呢？从我个人来看，鸽血红依旧是红宝石里顶尖的存在，鸽血红和 Crimson Red 的评级标准几乎一致，唯一的区别就在于两者的荧光强弱有所不同。换句话说，Crimson Red 就是没有强荧光的鸽血红。

从理论上讲，彩色宝石的净度通常无法像钻石那样完美无瑕。在观察红宝石时，我们经常会发现某些部位存在小包裹体、矿坑或一些不太明显的裂隙，这些都是正常现象。因此，建议大家在选择红宝石时，尽量挑选在肉眼观察下无瑕疵、在社交距离内看起来干净的。只要在与他人面对面交流时，对方觉得这颗红宝石没有明显的净度问题，那么这颗红宝石的品质基本上就是合格的。追求净度完美的红宝石，即使在放大镜下也几乎看不到净度特征，实际上是没有必要的。

与钻石不同，红宝石的净度级别通常不会在检测机构出具的证书上标明。因此，建议大家在购买红宝石时，要仔细观察实物，并注意从不同的角度观察。对于已经镶嵌好的红宝石，我们通常会重点检查冠部。如果冠部比较完整且没有明显的净度特征，那么这颗宝石是值得考虑的。即便红宝石的正面看起来干净漂亮，而背面存在一些小的净度特征，只要不严重，也是可以考虑购买的。然而，需要强调的是，如果红宝石存在一条从冠部到亭部、贯穿腰棱的开放裂隙，这种是不建议购买的。因为在日常佩戴过程中，宝石难免会遭受一些碰撞，这可能会导致裂隙进一步扩大。

红宝石没有所谓的标准切工。大部分情况下，红宝石的切工取决于市场需求以及毛坯的原始形状。当红宝石的毛坯形状不理想，存在坑坑洼洼、不规则之处或者有深裂痕时，切割时将尽量避开这些问题区域，以保持红宝石的完整。

在评估红宝石的切工时，我们首先从上往下观察它的正面，检查形状是否

红宝石戒指

规整、比例是否对称，越是规整对称的红宝石，越为优质。在检查了红宝石的正面后，我们稍微转动宝石，观察其侧面的比例，特别是冠部、腰部和亭部的比例是否协调，如果腰部过厚或冠部过薄，这都会被视为切工不佳。红宝石既不能切得太厚，也不能切得太薄，因为这样的话，会影响宝石本身的明亮度和火彩。在挑选的过程中，我们可以从台面往下看，然后慢慢转动，看整体是否明亮、反火是否均匀、暗域多不多。尽量选择暗域少一点的、反火好一点的红宝石。这样的红宝石切工比较好，价值也就高一些。

红宝石的重量单位是克拉。大家一定要注意，这是一个重量单位，不是体积单位。红宝石的原矿普遍很小，3～5克拉的红宝石就已经算是非常大的了，其实1克拉品质好的红宝石就已经达到了收藏级别，鸽血红这个商用名称就是GRS为一颗1克拉的红宝石命的名。这里还要给大家强调一个很重要的参数，

标准圆钻形切工红宝石

它就是比重①。红宝石相对于钻石和祖母绿来讲，比重是比较大的，所以 1 克拉红宝石会比 1 克拉钻石小一圈，1 克拉钻石又会明显比 1 克拉祖母绿小一圈。所以在选择款式和做珠宝设计的时候，有经验的人都会考虑到比重的问题。比如某个款式上用到的是同一个尺寸的钻石、祖母绿或红宝石，但重量是完全不一样的。

红宝石以其独特的魅力吸引了无数的珠宝爱好者。尽管人们总认为天然原生的红宝石，只经过切割和打磨后，就能展示出最好的状态，但实际上，有些红宝石在开采出来的时候，颜色或净度并不理想。为了改善这些状况，人们往往会采取加热的方式来改变红宝石的颜色和净度。

---

① 比重也称为相对密度，它是指宝石的重量与其体积的比值。

用加热方式改变红宝石颜色和净度的实践，其实源自一个有趣的传说。据说，在一个开采和切割红宝石、蓝宝石的村庄，突然发生了一场大火。村民们匆忙逃生，无法带走所有的宝石。等火熄灭后，人们返回村庄时，发现原来的宝石变得更加美丽了。通过加热，红宝石中的一些杂色调被去除，使得红色更加浓郁。此外，加热还能提高红宝石的净度。在高温下，红宝石体内的低熔点晶体会熔化，消除了原来的斑斑点点，看起来更加透明。如此一来，原本色泽和净度不佳的红宝石，也能焕发出动人的光彩。

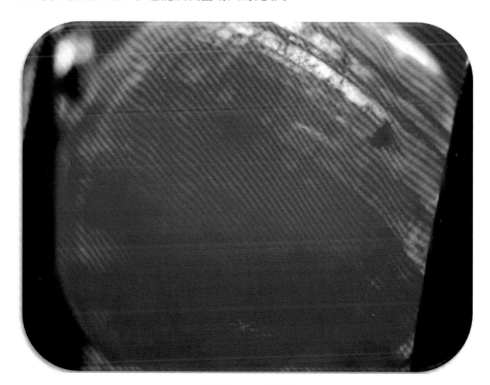

染色红宝石放大图

市场上的加热方式主要分为传统加热和非传统加热两种。传统加热较为简单，仅升高温度进行处理；而非传统加热则不同，除了提高温度，还会加入一些化学品，例如硼酸钠（硼砂）和多聚磷酸盐等具有弱助熔性的化学填充物，这就涉及人工对加热过程的干预。实际上，在实验室中，传统加热和非传统加热是可以区分开的，因为非传统加热会留下一些可以观察到的痕迹，如残留物。在选择红宝石时，推荐选择经过传统加热处理的红宝石，这类红宝石在业内是被广泛认可的。相对而言，非传统加热的红宝石则不太推荐购买。

现在，我们来探讨一下红宝石的产地。全球有很多国家都出产红宝石，我们在市场上常见的红宝石一般产自缅甸、莫桑比克、斯里兰卡、泰国等，甚至中国。不过，在这些产地中，莫桑比克的红宝石尤为常见。判断红宝石产地的主要方式是观察其净度特征。红宝石的内部通常含有众多的包裹体，例如金红石针状包裹体。根据这些金红石针状包裹体的长短、粗细及排列情况，可以初步推断出红宝石的产地。除此之外，实验室还配备了许多仪器，用于辅助检测宝石的产地，通过多种检测方式来互相佐证。实验室对红宝石产地的判断相当准确，但我们也要明白，这种判断方法无法达到百分之百的准确率。

在众多红宝石的产地中，缅甸一直被视为红宝石的最佳产地。在过去五百年里，缅甸红宝石在全球的声誉位居榜首，没有其他产地可与之匹敌。这不仅在消费者心中留下了深刻的印象，也印证了缅甸红宝石的卓越品质。然而，随着时间的推移，一些新的红宝石产地走进了人们的视野，莫桑比克便是其中之一。莫桑比克红宝石的颜色尤为纯正，但由于含铁量较高，其色调略显深沉，大部分没有强烈的荧光效应。

在我们用肉眼观察时，可能会觉得缅甸产地的红宝石颜色较鲜亮，然而，这类红宝石大多净度较低，可能略显沉闷，但整体给人一种较为温润的感觉。相比之下，莫桑比克产地的红宝石给人的感觉则更为凌厉，其净度通常优于缅甸产地的红宝石。如果我们接触得多，区分这两者的差异还是比较容易的。但需要强调的是，仅依靠肉眼来判断红宝石的产地，既不科学也不准确，这种方法仅供参考。

目前，市面上大多数红宝石来自莫桑比克。过去，缅甸曾是红宝石的主要产地，但近年来，缅甸的红宝石出口量急剧下降。一方面是因为当地红宝石的供应量逐渐减少，另一方面是由于当地局势不稳定，使得红宝石很难进入国内

高品质红宝石

销售市场。此外，由于多数人仍然认为缅甸产地的红宝石品质较高，这导致了对它的需求持续增长，市场上出现了严重的缺货情况。因此，建议大家在选择红宝石时，应首先考虑宝石的品质，其次考虑产地。并不是只有缅甸产地的红宝石才值得购买，莫桑比克产地的红宝石也是一个非常好的选择。

如果红宝石配有由权威国际实验室出具的证书，其价值往往会得到很大的提升。我们经常听到一些国际知名实验室的名称，如古柏林、GRS、SSEF 等。这些实验室对红宝石的研究极为深入，因此它们在品质判定上的可靠性是毋庸置疑的。除此之外，还有一些其他的权威国际实验室，比如 GIA、AIGS、EGL 等。当然，国内也有一些表现出色的实验室，如 NGTC 和地大 GIC。在市场上，配有国际实验室证书的红宝石往往定价较高，这与市场的消费习惯和公众的认知有关。

近几年，红宝石备受市场追捧，价格一路水涨船高。它的稀缺性让其永远屹立在宝石界的金字塔尖，也是高级珠宝圈里毋庸置疑的"顶流"之一，人们永远会为了那一抹如同烈火的红而心动。

红宝石饰品

蓝宝石的宝石学基础信息

英文名称：Sapphire

矿物名称：刚玉

化学成分：Al_2O_3，可含 Fe、Ti、Cr、V、Mn 等元素

颜色：蓝、蓝绿、绿、黄、橙、粉、紫、黑、灰、无色等

光泽：玻璃光泽至亚金刚光泽

莫氏硬度：9

密度：4.00（+0.10，-0.05）g/cm^3

多色性：强，因颜色而异。蓝色（蓝、绿蓝），绿色（绿、黄绿），黄色（黄、橙黄），橙色（橙、橙红），粉色（粉、粉红），紫色（紫、紫红）

折射率：1.762—1.770（+0.009，-0.005），双折射率：0.008—0.010

荧光：

蓝色：长波（无至强，橙红），短波（无至弱，橙红）

粉色：长波（强，橙红），短波（弱，橙红）

橙色：通常无，长波下可呈强

橙红色：长波（无至中，橙红、橙黄），短波（弱红至橙黄）

紫色、变色：长波（无至强，红），短波（无至弱，红）

无色：无至中，红至橙

黑色、绿色：无

特殊光学效应：变色效应、星光效应（常见六射星光）

在前文中，我提到了并非所有的红色宝石都有资格叫作红宝石，接下来，我还要告诉你，并非所有的蓝宝石都是蓝色的。蓝宝石属于刚玉家族，而刚玉家族的宝石颜色非常丰富，涵盖了赤橙黄绿青蓝紫以及黑白灰色系。在刚玉家族中，红色系的被称为红宝石。除红宝石之外，刚玉家族中的其他颜色的宝石统称为蓝宝石，包括粉色蓝宝石、紫色蓝宝石、黄色蓝宝石等等，所以蓝宝石

并不一定是蓝色的。

在蓝色蓝宝石中，有两个重要的商用名称值得一提，分别是矢车菊蓝和皇家蓝。提到矢车菊蓝，不得不提及一个非常有故事的产地——克什米尔。克什米尔的蓝宝石矿仅开采了七年左右，便告枯竭。尽管开采时间短，但它留给世界的是一种非常特殊且具有独特魅力的蓝宝石——矢车菊蓝宝石。这种蓝宝石的蓝色带有一种美丽的丝绒感，展现出一种特别的质感。因为该矿已经绝矿，我们现在只能在佳士得、苏富比等国际拍卖行或一些高级珠宝展上，才能偶尔见到几颗克什米尔产的矢车菊蓝宝石。

蓝宝石首饰

很多人可能会疑惑，市场上的很多证书上都标有矢车菊的评级。这里需要强调的是，早期的矢车菊标准与现在的有所不同。目前，市场普遍认为皇家蓝是蓝宝石颜色的最高等级，很多实验室会给颜色略淡或带有奶体的蓝宝石标上矢车菊的评级。

若要对蓝宝石的商业名称进行排序，克什米尔矢车菊蓝宝石无疑位居第一，其次是常见的皇家蓝，再往后是一般的矢车菊蓝宝石。市面上较常见的皇家蓝蓝宝石色彩饱和度高且颇为经典。皇家蓝的颜色有一定的范围，有的偏淡，有的偏深，甚至有些带有微弱的紫色调。因此，我们在选择蓝宝石时，应尽量根据实物来判定颜色，这样会更为准确。在不同光线下，例如室内、室外、暖光和冷光下都应观察一下，因为蓝宝石的颜色会受到光线的极大影响。

蓝宝石的种类并不只有矢车菊蓝和皇家蓝，市面上还存在一些比矢车菊蓝还要淡些的，以及比皇家蓝更为深邃，甚至接近黑色的蓝宝石，这些都属于比较常见的种类。若要购买蓝宝石，矢车菊蓝和皇家蓝这类颜色是首选，但对于年轻女性来说，她们其实可以考虑颜色较淡的蓝宝石，这类宝石通常给人一种清新而优雅的感觉，颇具特色。

在刚玉家族中，除红色系外的统称为蓝宝石，而非蓝色系的刚玉则被称为彩色蓝宝石。在彩色蓝宝石中，有几类是非常值得推荐的。例如，粉色蓝宝石和紫色蓝宝石在近年来变得极为流行，其价格也一直呈上升趋势，涨幅明显。此外，黄色蓝宝石也深受人们的喜爱。如果消费者觉得黄钻的价格过高，黄色蓝宝石便成了一个价格更为亲民的替代品，其价格大约是黄钻的三分之一甚至五分之一。然而，黄色蓝宝石的致色因素较为复杂，部分黄色蓝宝石在佩戴一段时间后，可能存在褪色的风险。

我们需要特别强调，帕帕拉恰是彩色系蓝宝石中唯一一个有专门商用名称的。它的颜色呈粉橙色，有些类似莲花的颜色。在斯里兰卡，帕帕拉恰被视为国宝。理想的帕帕拉恰应当是粉色和橙色各占百分之五十。这种独特的混合颜色

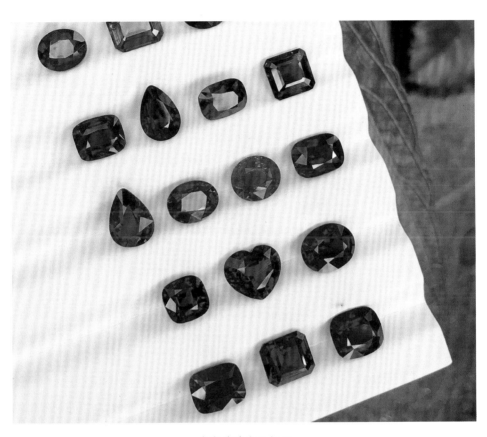

皇家蓝蓝宝石裸石

黄色蓝宝石

使得它看起来更加鲜亮，特别是单纯的粉橙混合色，让许多女性对其情有独钟。

帕帕拉恰的颜色是从粉色到橙色过渡的混合色调。虽然粉色和橙色各占百分之五十是最理想的，但也有人偏好其他比例，例如更多的粉色调或橙色调，这也产生了"日出色"和"日落色"的说法。

帕帕拉恰的主要产地包括斯里兰卡、马达加斯加、坦桑尼亚和越南。这种宝石十分稀有，大约每采到 100 颗蓝宝石，其中只有 1 颗才能达到帕帕拉恰的级别。帕帕拉恰的概念最早出现在 1983 年，当时仅对其颜色进行了定义。直到 2013 年和 2018 年，人们才对其产地和颜色的稳定性进行了深入阐述。

值得注意的是，许多珠宝商对帕帕拉恰的定义较为严格，认为只有来自斯里兰卡、颜色和比例均适中的粉橙色蓝宝石才能称为帕帕拉恰。一些新的产地，例如马达加斯加出土的粉橙色蓝宝石，不被视为真正的帕帕拉恰。这不仅仅是因为对产地的偏好，还因为斯里兰卡产的帕帕拉恰颜色更稳定，不含其他杂色调，而其他产地的可能会带有棕色调或其他杂色，这被认为是劣质的。有些蓝宝石在佩戴一段时间后，橙色会消失，仅剩粉色，其颜色有不稳定性。

市面上对帕帕拉恰有多种定义，每个实验室的标准也各不相同。有些蓝宝石并不符合帕帕拉恰的标准，例如颜色不均匀、有明显的色带或者颜色是在缝隙内填充染料而形成的。任何经过染色、填充、涂层、覆膜等操作的宝石都不能被认定为帕帕拉恰。随着科技的进步，虽然我们在开采环节有了更好的条件和技术，但造假技术也在不断"进步"，其中以韩国的造假技术最为出名。

高品质的绿色蓝宝石，因其色泽与祖母绿相似，曾被误认为是祖母绿，因此有"东方祖母绿"之称。绿色蓝宝石的硬度较高，裂隙和包裹体较少，可能是蓝宝石中光泽感最佳的一种。市场上的绿色蓝宝石较少，纯绿色的尤为珍贵，大多数绿色蓝宝石都会带有一些蓝色调或黄色调。若绿色蓝宝石的色泽浓郁翠绿，接近祖母绿的色调，其价格便会相对较高。

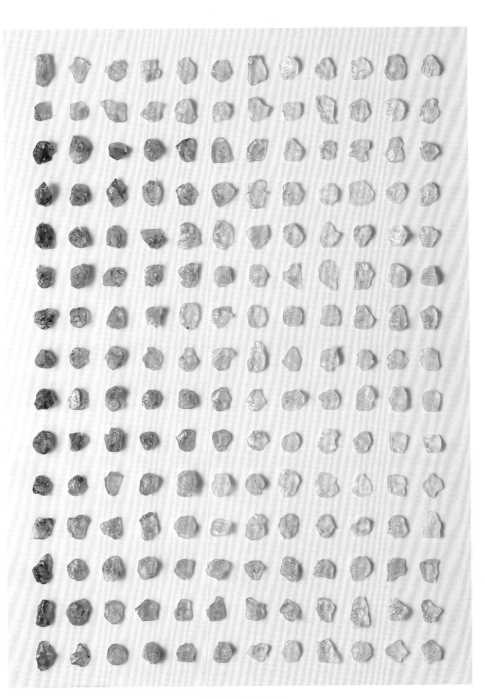

无烧蓝宝石色标

帕帕拉恰吊坠

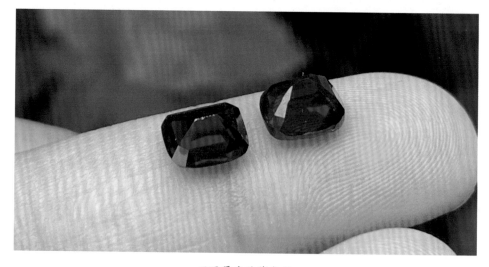

不同厚度的蓝宝石

在刚玉家族中，很难找到完全干净的红宝石，但蓝宝石的净度相对较好。此外，由于绿色蓝宝石相比其他宝石，价格较为亲民，切割时可以较为大胆。即便如此，在选择绿色蓝宝石时，对切工的要求也不能降低，因为切工直接影响宝石的光泽度，给了宝石"第二次生命"。即使它颜色优良，净度和切工也不容忽视，应尽量选择满火彩的宝石。

至于绿色蓝宝石的命名，虽然并没有像"皇家蓝""鸽血红"那样的被公众认可的商用名称，但近来有很多人用"鸭屎绿"来指代它，别有一番趣味。

绿色蓝宝石

除了刚刚提到的颜色鲜艳的蓝宝石，还有一类容易被忽视的就是黑、白、灰色的蓝宝石。当我们用白色来描述宝石时，通常是指这种宝石是无色透明的，比如所谓的白色蓝宝石，一般指的是无色透明的蓝宝石。这类蓝宝石的质感非常独特，与钻石颇为相似，但其价格远比钻石低。至于灰色和黑色的蓝宝石，如果刻面、切工不佳，外观通常不太好看，因此一般不推荐购买。但有一些白色、灰色和黑色的蓝宝石，切成素面后，会有很强的星光效应，是值得关注的品类。

蓝宝石的净度和红宝石一样，没办法像钻石那样完全透明、接近无瑕，但是我们尽量选肉眼看上去没有明显的净度特征的。好在蓝宝石的整体净度比红宝石高一些，特别是在传统加热的蓝宝石里，可以找到完全看不到净度特征的。

有色带的蓝宝石

蓝宝石的形状很多，包括正圆形、椭圆形、马眼形、水滴形、垫形、雷迪恩形、祖母绿形等等。在选择时，我们需要留意蓝宝石的形状是否周正，要避免买到上宽下窄或者左宽右窄这样不对称的，同时还要确保冠部、亭部和腰部的比例协调。在购买宝石的时候，人们经常会提到一个关键词——满火彩。当我们转动蓝宝石进行观察时，会发现蓝宝石内部有很多蓝色和白色的亮光不停地出现，而且随着转动，这些亮光几乎充满了整颗宝石。这就是所谓的"满火彩"，它对彩色宝石的切工要求极高。

蓝宝石的产地很多，其中，克什米尔产区的高品质矢车菊被视为蓝宝石的极品，在市场上极为罕见。相对而言，市场上最常见的蓝宝石产自缅甸、斯里兰卡和马达加斯加。值得一提的是，马达加斯加是一个较新的产区，它因地质环境复杂而显得特别，几乎集齐了其他所有蓝宝石矿区的产地特征。因此，近年来各大实验室都发布了通知，提醒大家留意市面上存在用马达加斯加蓝宝石冒充克什米尔矢车菊蓝宝石的情况。

　　除了上述产地，实际上还有许多地方也是蓝宝石的产区，如泰国、老挝、柬埔寨，中国的山东省也出产蓝宝石，但相对而言，其品质较低，颜色主要是黑色，只带一点蓝色。通常，这类蓝宝石会被送至泰国进行加热处理，以改善其颜色和净度。还有一个很冷门的产地是美国的蒙大拿州。这里产的蓝宝石被称为约戈（Yogo）蓝宝石。这个产地的蓝宝石的颜色是在蓝色的基础上带了一点墨水蓝的感觉，这种质感比较特别，被称为 Steel Blue（钢蓝）。蒙大拿当地有一种水鸭，身上灰色的羽毛中间有一段颜色恰好是蒙大拿蓝宝石的颜色。这种蓝宝石的净度还不错，仅可见少量方沸石、刚玉等固态包体，所以蒙大拿蓝宝石在当地非常受欢迎。在美国，有一个非常知名的珠宝品牌叫 Tiffany（蒂芙尼），蒙大拿蓝宝石是蒂芙尼很喜欢拿来做珠宝设计的原材料，所以可以在蒂芙尼的很多高级珠宝里看到蒙大拿蓝宝石的身影。

蒙大拿蓝宝石

蒙大拿蓝宝石的产量不算特别低，但是颗粒极小，毛坯是扁平状的，基本上不会出现1克拉以上的，所以大部分只能在珠宝设计中起到点缀的作用。

产地是一个锦上添花的参数，所以我们在选择蓝宝石的时候，尽量选择颜色、净度、切工、重量、天然性都比较好的蓝宝石，然后再去考虑产地。如果先选产地，再选其他参数，就是本末倒置了。

选择蓝宝石要考虑色泽、净度、切工等多方面因素，产地是锦上添花的因素，重点在于颜色是否喜欢、净度是否优秀、切工是否能展现光彩。一颗蓝宝石是否理想，需要结合个人喜好与各项参数进行全面评估。

祖母绿的宝石学基础信息

英文名称：Emerald

矿物名称：绿柱石

化学成分：$Be_3Al_2Si_6O_{18}$，含 Cr，也可含 Fe、Ti、V 等元素

颜色：浅至深绿、蓝绿和黄绿色

光泽：玻璃光泽

莫氏硬度：7.5—8

密度：2.72（+0.18，−0.05）g/cm^3

多色性：中至强，蓝绿、黄绿

折射率：1.577—1.583（±0.017），双折射率：0.005—0.009

荧光：通常无，有时长波（弱，橙红、红），短波（橙红、红）。短波下的荧光常弱于长波的特殊光学效应：猫眼效应、星光效应（稀少）

祖母绿，它作为"绿宝石之王"，属于六方晶系，主要成分是铍铝硅酸盐。它的莫氏硬度为 7.5—8，是绿柱石宝石家族中的一员。这一家族中，我们熟悉的还有海蓝宝石和摩根石等。祖母绿是宝石级的绿色绿柱石，但并不意味着所有绿柱石均可被称作祖母绿。祖母绿是由铬元素致色，只有那些具有中等或更深的绿色调，且颜色饱和度较高的绿柱石才被归类为祖母绿。此外，在绿柱石家族中，由铁元素致色的绿色绿柱石很容易与祖母绿混淆，但它们在本质上是不同的。

我相信，很多小伙伴在选购祖母绿时都会感到头疼，因为像红宝石、蓝宝石、钻石等宝石，它们至少具有较高的净度，选购时不会让人过于纠结。然而，祖母绿本身是一种多裂隙、多内含物的宝石，这让许多小伙伴觉得挑选这种宝石颇为麻烦。但它之所以备受欢迎，是有着充分的理由的。祖母绿具有舒缓眼睛的作用。眼睛被称为"心灵的窗户"，在如今这个电子产品无处不在的时代，人们的眼睛容易感到疲劳，祖母绿不仅可以缓解视觉疲劳，还有助于舒缓情绪。

祖母绿首饰

　　色彩心理学是一个研究颜色对人心理产生影响的学科。虽然这一学科对不同颜色的评价各异，但对绿色的好评是一致的。绿色，作为自然界中草原和森林的主要颜色，让人心情平静，有助于减少压力，给人一种清凉的感觉。古罗马学者老普林尼在公元 1 世纪时这样描述祖母绿："没有一种绿色可以比祖母绿更绿。"他还详细描述了祖母绿在那个时代的应用和效果。老普林尼提到，注视祖母绿能够明目，这种柔和的绿色调能够舒缓或消除人们眼中的疲惫和倦怠。因此，当感到眼睛不适时，可以尝试注视手上的祖母绿，这将有助于缓解眼睛的疲劳，使人感觉身心都变得更为放松。

祖母绿首饰

祖母绿独特的绿色为佩戴者带来良好的视觉感受，但对于很多人来说，绿色可能是一种需要勇气去尝试的颜色，因为它饱满和深邃，可能让人觉得难以驾驭。但实际上，绿色，特别是祖母绿的绿色，对多数亚洲人的肤色有着很好的衬托作用。无论你妆容完美，还是素颜朴素，甚至肤色偏暗，佩戴祖母绿都能在一定程度上提亮肤色。同时，为了更好地体现祖母绿的质感，建议佩戴者在选择衣物颜色时，尽量选择黑白灰或其他相对淡雅的颜色。

祖母绿不仅适合女性，男性同样适合佩戴。与其他颜色的宝石相比，如红色、粉色、橙色、紫色等，它们或许更适合女性佩戴，男性佩戴可能会给人一种不协调的感觉。但祖母绿不同，无论是男性还是女性，佩戴祖母绿都能显示出独特的魅力。电影《绿皮书》中的演员马赫沙拉·阿里就是一个很好的例子，他在获得金球奖时，手上的祖母绿戒指与黑色西装的搭配展现了独特的品位和高贵的气质。

在四大文明古国中，最早兴起的是古埃及。早在四千多年前，古埃及人就非常喜欢把祖母绿做成首饰，佩戴在身上，认为它象征复活和永生，同时也是法老王位传递的象征。到了 16 世纪之后，祖母绿在亚欧大陆的受欢迎程度达到了顶峰。西班牙的探险家们在探寻新世界时，发现了哥伦比亚的一个祖母绿矿区，并将这些祖母绿带回欧洲，用以交换金银等贵金属。欧洲的王公贵族们将佩戴祖母绿视为时尚的做法，尤其是拥有众多珍宝的英国皇室成员，如伊丽莎白女王和戴安娜王妃。

在英国，还流传着一个关于祖母绿的著名爱情故事。故事的女主角辛普森夫人拥有一枚极大的祖母绿戒指，这枚戒指是她的丈夫英皇爱德华八世与她订婚时赠送给她的。爱德华八世为了与辛普森夫人在一起，放弃了自己的王位，这无疑是一个浪漫至极的爱情故事。

提到了祖母绿这么多的优点，是否有人对它刮目相看呢？

祖母绿以其独特的绿色闻名天下。虽然看似单一，但实际上，颜色的跨度很大，包括淡绿、浓郁的鲜绿，甚至暗绿、深绿。有些祖母绿可能会带有黄色或蓝色调，从而在色温上也存在差异，可能偏暖或偏冷。

选择祖母绿时，建议尽量选择中等或更深的颜色。关于颜色的分级标准，每个实验室可能有所不同。通常来说，Intense Green（浓绿）或更深的 Vivid Green（艳绿）被认为是极好的选择。需要指出的是，在艳绿以上，还有更高的颜色等级。一些国际实验室会使用"木佐绿"这一评级，它长期以来代表了祖母绿中颜色的最高等级。木佐是哥伦比亚一个富有神秘色彩的矿区，该矿区出产的祖母绿质量极高，因此只有来自哥伦比亚的祖母绿，达到非常高的颜色等级，才有资格被称为"木佐绿"。

近年来，市场上出现了另一个名词"沃顿绿"。这是由吉尔德实验室给出的标准，意味着无论哪个产地的祖母绿，只要颜色达到一定的级别，就会得到"沃顿绿"这一评级，这是一种科学的评价方式。无论是哥伦比亚产地的优质祖母绿，还是赞比亚产地的，以及巴西和其他产地的祖母绿，都可以得到相应的高评级，这无疑为市场带来了新的挑战。

祖母绿本身有专属的切工，就是祖母绿形切工，这种切工利用了祖母绿毛坯的形状，在切割的时候，尽量保留它的重量，又体现出它的颜色和火彩。经过研究，这种八角形的切割是最完美的。

花式切工祖母绿

祖母绿除了常见的祖母绿形切割外，还有许多不同的切割形状，如椭圆形、正圆形、马眼形、水滴形和爱心形等，这些可以统称为刻面祖母绿。除刻面祖母绿外，还有糖包山祖母绿和素面祖母绿两大类别。糖包山祖母绿的形状颇像帐篷或金字塔，其名称源自巴西里约热内卢的一座山，糖包山祖母绿的形状与这座山相似，十分独特。素面祖母绿在市场上也被称为蛋面祖母绿。

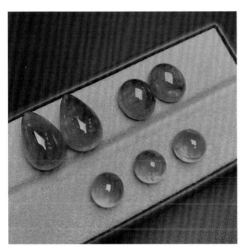

素面祖母绿和糖包山祖母绿

　　如果祖母绿的原石品质较好，特别是净度较高的，通常会被切割成刻面祖母绿，因其价值最高。而对于内含物较多或颜色偏浅的祖母绿，刻面切割并无明显优势，便可以选择糖包山切割或素面切割。一些高品质的素面祖母绿甚至可媲美翡翠中的极品帝王绿，美丽非凡。

　　在选择祖母绿切工时，无论采用何种切工，都要看比例是否均匀、是否对称、形状是否完整以及薄厚比例是否合适，这些因素均会直接影响祖母绿的美观度。只有切工特别好的祖母绿，才能呈现出满火彩的效果。此外，无论是糖包山切割还是素面切割，都应追求造型饱满、立体，但同时不能过于突出。

　　祖母绿的内含物丰富。在宝石学中，这些内含物叫作"花园"，用以形容其独特性。在显微镜下，这些"花园"看起来异常丰富且美丽，这是在微观世界中才能观察到的奇景。然而，在现实世界中，人们往往希望祖母绿尽可能干净一点。

　　与红宝石、蓝宝石的优化处理方式不同，祖母绿的优化处理方式不是加热，而是注油。不少人可能听说过"祖母绿的含油量"，在购买时，建议选择无油或微油的祖母绿。

内部有包裹体的祖母绿

在挑选祖母绿的净度时，我们应遵循两个基本原则：首先，避免选择肉眼可见内含物的祖母绿；其次，应选择无明显裂隙的祖母绿，特别要避免有贯穿性裂隙的，因为这会极大地影响祖母绿的耐久性。虽然我们经常说"社交距离无瑕"，表达的是对祖母绿净度的宽容度很高，但如果能近距离观察到祖母绿非常干净，那么这颗祖母绿的价格自然会非常高。

祖母绿的产地广泛，市场上常见的产地包括哥伦比亚、赞比亚、巴西、巴基斯坦、阿富汗等，中国虽然也有祖母绿出产，但品质并不高。哥伦比亚产地的祖母绿一直备受热捧，其价位明显高于其他产地的，而赞比亚产地的祖母绿以其最高的性价比著称。

近两年，市场上数量增长最快的是阿富汗的祖母绿。阿富汗的祖母绿历史悠久，最早可追溯到古希腊和古罗马时期。直到 20 世纪 70 年代，位于阿富汗潘杰希尔山谷的矿区才开始进行现代化的开采。尽管开采的设备简陋，但阿富汗的祖母绿以其艳绿色、高饱和度和高明度赢得了市场的认可，其品质甚至能与哥伦比亚顶级的木佐矿区的祖母绿相媲美，使得阿富汗祖母绿在欧美市场的地位与哥伦比亚祖母绿相当。

然而，在中国市场上，阿富汗祖母绿的地位稍逊于哥伦比亚祖母绿，其主要原因在于价格。虽然阿富汗祖母绿的品质优良，但中国一些买手的出价不高，不像欧美买手那样痛快，使得阿富汗祖母绿在中国市场的份额相对较小。尽管如此，阿富汗祖母绿的市场潜力不容小觑，预计未来有可能与哥伦比亚祖母绿持平。

除了古柏林实验室在尝试用纳米溯源技术判定产地外，大部分时候判定祖母绿产地的方式是看内部的包裹体，哥伦比亚祖母绿有三相包裹体，赞比亚祖母绿有二相包裹体，这曾经是最经典的鉴定标准，但是阿富汗产地、中国产地和哥伦比亚产地的祖母绿都有三相包裹体，如果实验室的判定标准不够严谨，仅仅靠包裹体来做判断，那么阿富汗产地的祖母绿很有可能被检测为哥伦比亚祖母绿。

克拉是祖母绿的重量单位，要强调一下，它不是体积单位。1 克拉等于 0.2 克。祖母绿的比重相对来讲是小一些的，1 克拉的祖母绿看上去比 1 克拉的钻石明显要大一些，祖母绿是比较显大的宝石。

总而言之，祖母绿以其独特的绿色闻名。它那深邃的绿是大自然生机盎然的写照，也象征着希望、生命力和永恒。尽管选择祖母绿需要慎重考虑多方因素，但其独特魅力值得我们去细心琢磨。

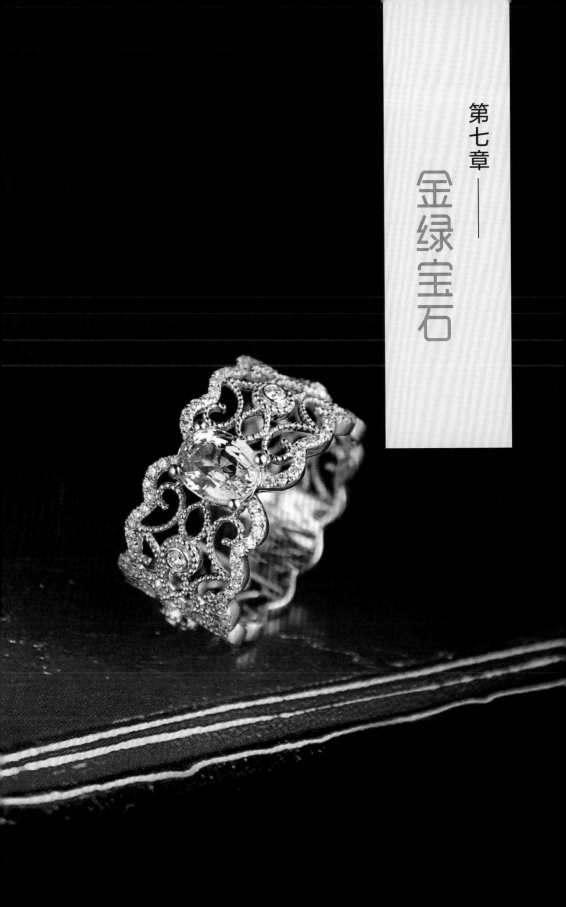

第七章——

金绿宝石

金绿宝石的宝石学基础信息

英文名称：Chrysoberyl

矿物名称：铍铝氧化物

化学成分：$BeAl_2O_4$，含 Fe、Cr、Ti 等元素，不同的微量元素使金绿宝石呈现不同的颜色

颜色：金绿宝石主要为浅至中等的黄色、黄绿色、灰绿色、褐色、黄褐色以及罕见的浅蓝色，猫眼主要为黄色、黄绿色、灰绿色、褐色、褐黄色，变石通常在日光下呈现带有黄色调、褐色调、灰色调或蓝色调的绿色（例如黄绿、褐绿、灰绿、蓝绿），而在白炽灯下则呈现橙色、褐红色、紫红色，变石猫眼呈现蓝绿色和紫褐色

光泽：金绿宝石通常为玻璃光泽至亚金刚光泽；猫眼为玻璃光泽；变石抛光面为玻璃光泽至亚金刚光泽，断口呈现玻璃、油脂光泽

莫氏硬度：8—8.5

密度：$3.755g/cm^3$

多色性：金绿宝石的多色性为三色性，呈弱至中等的黄、绿和褐色。浅绿黄色金绿宝石多色性较弱，而褐色金绿宝石多色性略强。猫眼的多色性较弱，呈黄、黄绿、橙色。变石的多色性很强，表现为绿色、橙黄色和紫红色。缅甸抹谷出产的一个变石样品具有独特的三色性，表现为 n_p 方向呈紫红色，n_m 方向呈草绿色，n_g 方向呈蓝绿色

折射率：1.746—1.755（+0.004，−0.006），双折射率：0.008—0.010

荧光：金绿宝石在紫外荧光灯下，长波时，无荧光；短波时，黄色和绿黄色宝石一般为无至黄绿色荧光。其中，富含铁的黄色、褐色和暗绿色金绿宝石在紫外线和 X 射线照射下，不发荧光。某些浅绿黄色金绿宝石在短波紫外线照射下，发弱的绿色荧光。其他颜色的金绿宝石不发荧光

猫眼在长短波紫外线下通常无荧光

变石在长短波紫外线下发无至中等强度的紫红色荧光，在 X 射线照射下，发暗淡的红色荧光，阴极射线下发橙色荧光。使用交叉滤色片法可见变石的红色荧光

变石猫眼在紫外荧光灯的照射下，呈现强度为弱至中等的红色荧光

特殊光学效应：猫眼效应、变色效应、星光效应（极少出现）

金绿宝石因其独特的黄绿色、金绿色外观而得名。我们根据其是否具有特殊的光学效应，将其分为三类：没有特殊光学效应的称为金绿宝石（Chrysoberyl），有变色效应的称为亚历山大变石（Alexandrite Chrysoberyl），有猫眼效应的称为金绿猫眼（Cymophane 或 Cat's Eye）。

在这个大家族里，价格最亲民的就是普通的金绿宝石，它虽然没有任何光学效应，但是颜值依然非常高，而且价格非常便宜。因为散发出迷人的金绿色调，它常被人视作好运的象征，人们相信它能够招财，保佑主人身体健康，是一种寓意非常吉祥的宝石。它的莫氏硬度达到了8.5，具有非常出色的耐久性，而且它的折射率也很高，所以经过切割后的金绿宝石火彩非常好，在光线下会散发出迷人的金绿色光芒。通常情况下，金绿宝石的价格主要受到颜色、净度、切工的影响，高透明度的绿色金绿宝石最受欢迎，价值也最高。

20世纪90年代，人们在坦桑尼亚发现了一种颜色非常独特的金绿宝石。不同于普通的金绿宝石，它是由钒元素致色的，所以我们称它为钒金绿宝石，它以独特的薄荷色闻名于世。或许国内还有很多人对这个品类闻所未闻，但是一些高端的珠宝玩家早已把它视若珍宝，因为其颜色很清新脱俗，而且产量并不高，比普通的金绿宝石更加稀有，所以高品质的钒金绿宝石在国际上的价格普遍较高。

金绿宝石大家族里最出名的肯定要数金绿猫眼，它拥有独特的猫眼效应。这种宝石被加工成弧面形后，内部晶体中平行分布的管状包裹体就会发生反射，出现一条像猫眼瞳眸一样的光带，这条光带会随着光线的转动而移动，因为酷似猫的眼睛，故得名金绿猫眼。通常情况下，金绿宝石中的丝状物含量越高，宝石越不透明，猫眼效应就越明显。市面上能够见到各种颜色的金绿猫眼，其中以蜜蜡色为最佳，其次是深黄、深绿、黄绿色等，总之颜色越浅或带有褐色、灰白色调者，价值就越低。金绿猫眼的价值除了受到颜色的影响外，猫眼的眼线同样是影响价格的重要因素，猫眼的眼线讲究居中、平直、灵活、锐利等。

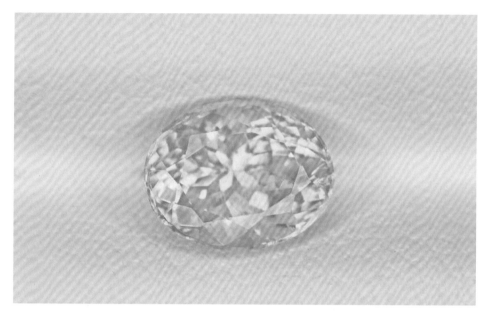

金绿宝石

钒金绿宝石

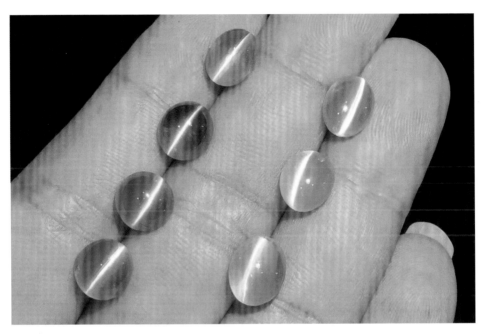

金绿猫眼石

　　和金绿猫眼一样出名的是亚历山大变石。因为含有微量的铬元素，所以它具有独特的变色效应，在不同的光源下会呈现不同的颜色。在阳光下，它是鲜艳的绿色；而在白炽灯下，则呈现深邃的红色，所以人们评价它为"白昼的祖母绿，夜晚的红宝石"。但实际上，有这样变色效果的变石并不常见，多数变石不在阳光下呈现的是深红色到紫红色，普遍还会带有褐色调；而在阳光下，往往呈现淡黄绿色或者蓝绿色，呈现理想中的颜色是一件非常困难的事情。关于亚历山大变石的名字由来，有一个传说。据说在1830年，人们第一次在俄国的乌拉尔山脉上发现了这种带有变色效应的宝石，于是将这些宝石献给了俄国沙皇亚历山大二世。他在21岁生日的时候，将这种奇异的宝石镶嵌在了自己的皇冠上，并赐名为亚历山大石。我们在市面上看到的很多所谓的亚历山大变石，变色效应并没有那么明显，在冷光源和暖光源下所呈现出来的颜色差距也没有那么大。我们在评价亚历山大变石的品质的时候，最关注的就是它的变色效应是否足够明显。变色效应越明显，品质就越高。

亚历山大变石

在金绿宝石大家族中，比亚历山大变石更加稀有的，就数变石猫眼了。它不仅含有变色效应的铬元素，还含有大量的丝状包裹体，可以形成猫眼效应。如此罕见的宝石，目前只在斯里兰卡发现过，所以它的价格奇高，属于有市无价的珍贵宝石。

在挑选金绿宝石的过程中，颜色是衡量其价值的一个重要因素，不同品种的金绿宝石有不同的理想颜色。普通金绿宝石以鲜艳的黄色或黄绿色为佳；亚历山大变石以在阳光下呈现蓝绿色，在白炽灯下呈现紫红色为佳；金绿猫眼以蜂蜜一样的黄棕色为佳。一般来说，宝石的净度越高越好，但对于具有特殊光学效应的品种，净度过高会影响其效果。普通金绿宝石和亚历山大变石以无内含物或微量内含物为佳，金绿猫眼以有细小平行针形包裹体或空心管为佳。透明度也会影响金绿宝石的美感和价值，一般来说，透明度越高越好，但也存在一些特例，比如市场上很受欢迎的荧光笔色金绿宝石其实就是我们所说的奶体金绿宝石。因为深受大众喜爱，所以价格也更高一些。对于具有特殊光学效应的品种，透明度过高会影响其效果。普通金绿宝石和亚历山大变石以完全透明或半透明为佳，金绿猫眼以半透明或微透明为佳。

金绿宝石的切工有多种选择，根据其品种和特点，可以分为以下几类。普通金绿宝石适合刻面切工，可以增加其火彩和闪耀度。常见的刻面切工有圆形、椭圆形、八角形等。刻面切工的优劣取决于宝石的比例、对称性和抛光质量，一般来说，比例越合理，对称性越高，抛光越细致，切工越好。亚历山大变石是一种具有变色效应的金绿宝石，它在不同光源下会呈现不同的颜色。亚历山大变石也适合刻面切工，但需要注意的是，切工要能够平衡两种颜色的分布和饱和度，避免出现过深或过浅的颜色区域。金绿猫眼是一种具有猫眼效应的金绿宝石，它在光线下会呈现一条明亮的线条，类似于猫眼。金绿猫眼不适合刻面切工，因为这会影响猫眼效果。金绿猫眼适合素面或蛋面切工，可以增强其光学效果和自然感。金绿猫眼的常见素面或蛋面切工有圆形、椭圆形等。

产地也是金绿宝石的重要参数之一。俄罗斯的乌拉尔矿区是金绿宝石的重要产地，也是世界上最著名的变石产地。除俄罗斯以外，印度、斯里兰卡、巴西、坦桑尼亚、津巴布韦等地都出产金绿宝石，但各地出产的金绿宝石品质参差不齐，俄罗斯出产的变石以及变石猫眼品质最佳，高品质的金绿猫眼则集中在斯里兰卡产地，而罕见的由钒致色的金绿宝石则出产于坦桑尼亚。

金绿宝石作为五大贵重宝石之一，在彩色宝石界里享有非常崇高的地位，但人们对其知之甚少。如果你是一个珠宝老玩家，不妨多多留意这个品类，尤其是具有光学效应的金绿宝石，它足以证明你有独特的品位。拥有一件传奇的具有特殊光学效应的金绿宝石，将为你的珠宝收藏版图增添重要的一个版块。当你对这颗高贵的宝石倾注热情时，它也必将回报以绮丽夺目的色泽和灵动流转的光影。

第八章

尖晶石

尖晶石的宝石学基础信息

英文名称：Spinel

矿物名称：尖晶石

化学成分：$MgAl_2O_4$，可含 Cr、Fe、Zn、Mn 等元素

颜色：红、橙红、粉红、紫红、无色、黄、橙黄、褐、蓝、绿、紫等色

光泽：玻璃光泽至亚金刚光泽

莫氏硬度：8

密度：3.60（＋0.10，－0.03）g/cm^3，黑色的接近 4.00 g/cm^3

多色性：无

折射率：1.718（＋0.017，－0.008），含锌、铁、铬等元素的尖晶石，折射率逐渐增大，最高可至 2.00

荧光：红、橙、粉色。长波（弱至强，红、橙红），短波（无至弱，红、橙红）

绿色。长波（无至中，橙至橙红）

其他颜色。通常无

特殊光学效应：星光效应（稀少）、变色效应

提起红尖晶，你是否也会不自觉地给它贴上"红宝石平替"的标签？如果你对古董珠宝有所研究，你会惊讶地发现，很多颇负盛名的"红宝石"，其实都不是真正意义上的红宝石。到底是一种什么样的宝石，能够冒名顶替红宝石，辉煌了整整几个世纪呢？它就是我们本章的主角——尖晶石。

英国女王伊丽莎白二世的皇冠上镶嵌着一颗璀璨的红色宝石，这颗被称为"黑王子红宝石"的宝石拥有深厚的历史背景。早期的英国皇室误以为它是一颗红宝石，然而，随着鉴定技术的不断提升，直到 1783 年，它才被确认为尖晶石，并与红宝石区分开来。

除了黑王子红宝石，历史上还有许多著名的尖晶石，例如铁木尔红宝石。尽管被命名为"红宝石"，但铁木尔红宝石实际上也是一颗尖晶石。在 1389 年，

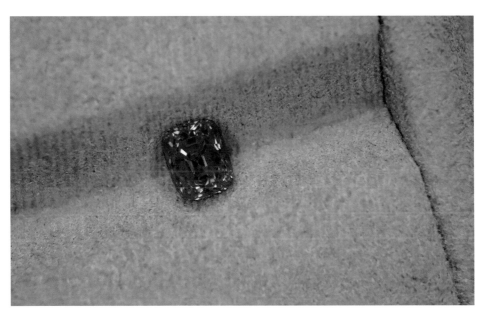

绝地武士尖晶石

铁木尔征服印度新德里时，这颗重量超过 350 克拉的宝石成为他的战利品。

伊朗皇冠上 500 克拉的撒玛利亚尖晶石也是一颗极为著名的尖晶石，被认为是世界上最大的优质尖晶石。还有一颗重 133.5 克拉的卡鲁尖晶石，上面刻有莫卧儿帝国皇帝的名字，同样备受瞩目。

在中国的清宫剧中，我们常常看到朝廷高级官员的帽子中央镶嵌了一颗亮丽的珠子。如果是一品官员，这颗珠子就是红宝石。然而，随着时间的推移和对古物的深入研究，人们发现很多一品官员帽子上的所谓"红宝石"其实是红色的尖晶石。这些尖晶石的发现进一步证明了尖晶石在宝石界的独特和重要地位。

尖晶石和刚玉、碧玺、钻石都有相同的特点，就是颜色非常丰富。除了彩色系，尖晶石还有黑、白、灰色的，我们能想到的颜色，尖晶石基本上都有。

在尖晶石的众多色彩中，正红色备受欢迎。这种鸽血红般的颜色不仅美丽

彩色尖晶石

动人，其火彩甚至可能超越红宝石。每个颜色其实都是指一个颜色的范围，即使我们用鸽血红来描述尖晶石，也要明白其色相、明度、饱和度都存在一定的范围。例如，一些尖晶石可能会带有粉色调、橙色调，甚至棕色调，亮度也有所不同。理想情况下，最正的红色、无其他色调且明亮的尖晶石是最受欢迎的。然而，对颜色的审美是主观的，尽管市场的主流观点可供参考，但最终选择应以个人喜好为主。

有一种尖晶石的独特性使其备受青睐，它就是被称为"绝地武士"的尖晶石。这种尖晶石主要产自缅甸，其特点是色彩鲜艳，结合了红色、橙色和粉色，并且带有非常漂亮的霓虹光感。理论上，它没有暗域。由于其稀有和美观，初期价格就比普通的尖晶石贵一些。随着时间的推移，其价格逐渐与蓝宝石持平，现在甚至已经超过了蓝宝石，可以与红宝石相媲美。预计在未来的珠宝市场上，绝地武士将会成为一个非常值得关注的品类。

绝地武士尖晶石

　　尖晶石中的粉色，尤其是顶级的 Hot Pink（热粉色）的尖晶石或绝地武士尖晶石（颜色如《星球大战》中绝地武士的光剑，无暗域，荧光感强烈），可能比红色系的更为昂贵。这类尖晶石在市场上受到人们热捧。

　　至于蓝色尖晶石，有人希望它能作为蓝宝石的平替，但高品质的蓝色尖晶石，其价格可能会超过蓝宝石。除了上述颜色外，其他彩色系的尖晶石价格较低。

　　在开采出的尖晶石中，大部分的颜色可能并不理想，只有很小一部分的颜色特别纯正，因此价格相应较高。颜色较暗的尖晶石在市场上的接受度较低，人们偏好颜色艳丽的尖晶石。供应商通常会挑选出颜色特别好看的尖晶石，其他的统称为灰尖晶或杂色系的尖晶石。

　　在尖晶石中，我特别推荐两种。第一种是颜色可能没有那么浓郁，但属于单色的尖晶石。例如，单色的粉色尖晶石，虽然它的颜色没有热粉色那样浓郁，但它给人一种干净的感觉，像樱花粉，非常美观。加上尖晶石的火彩十足，使其看起来像粉钻。淡橙色、浅紫色和浅蓝色的尖晶石也同样珍贵。第二种是金

热粉色尖晶石

属灰色的尖晶石，它呈现的是单一的灰色，有时还带有一点淡紫、淡蓝或绿色的色调。尽管主要的颜色是灰色，但由于尖晶石的特质，即使是灰色，它也能够折射出明亮的光泽和火彩。尖晶石的这种特性正是它吸引人的神奇之处。这与其他宝石不同，其他的宝石若是灰色的，美观度则会大大降低。

评价彩色宝石时，我们通常会将颜色作为参考要点。按照市场的主流评判标准，颜色越浓郁的宝石，其价格也越高。然而，从个人审美角度来看，实际上没有必要完全追随主流，重要的是符合个人喜好。例如，有些人可能偏爱灰色调的尖晶石，因为这种尖晶石的质感看起来不错，且具有一种金属光泽。这种尖晶石的价格通常更为合理，相对便宜。

评估尖晶石的净度和评估红蓝宝石、祖母绿的原则相同。不能要求尖晶石在放大镜下无瑕疵，只要肉眼观察不到明显的包裹体、羽状纹或磕碰、矿坑，我们就可以认为其净度较好。对于正红色、热粉色、蓝色系的尖晶石，我们的净度评价标准稍宽松些；而对于其他颜色的尖晶石，我们则更加严格。

蓝色尖晶石

彩色尖晶石

尖晶石的魅力源自其璀璨的色彩和优良的质地。如果切工未能做到位，即便颜色和质地无比出众，它也将失去一半的光彩。因为切工是可以人为控制的参数，因此要尽量选择切工优良的尖晶石。

尖晶石戒指

当谈及尖晶石的重量，如果其他参数保持不变，大尺寸的尖晶石更为理想。同其他宝石一样，尽量选择1克拉以上的尖晶石，因为它的保值和升值潜力更大。当然，我们也不能仅凭大小来评估一颗尖晶石是否值得购买，因为切工的形状、比例、对称性和抛光也极为关键。

在处理尖晶石时，通常不会对其进行加热处理，因为这可能会影响其美观度，因此，我们一般默认市面上的尖晶石都是未经过加热处理的。净度高的高质量尖晶石，没有进行填充处理的必要。在选择尖晶石时，我们需要特别关注那些颜色好看，但净度较为一般的宝石，因为这些尖晶石可以经过注油处理来提升其净度。

尖晶石以其丰富多彩的颜色而独树一帜，正红与热粉是最具代表性的色调，而金属灰和淡色系同样充满吸引力。选择尖晶石重在发现自身的色彩偏好，而非仅顺应主流审美。略微包容其天然特征，用心发掘一颗非凡的尖晶石，需要对其色泽、质地、切工等方面进行全面鉴赏。

第九章——碧玺

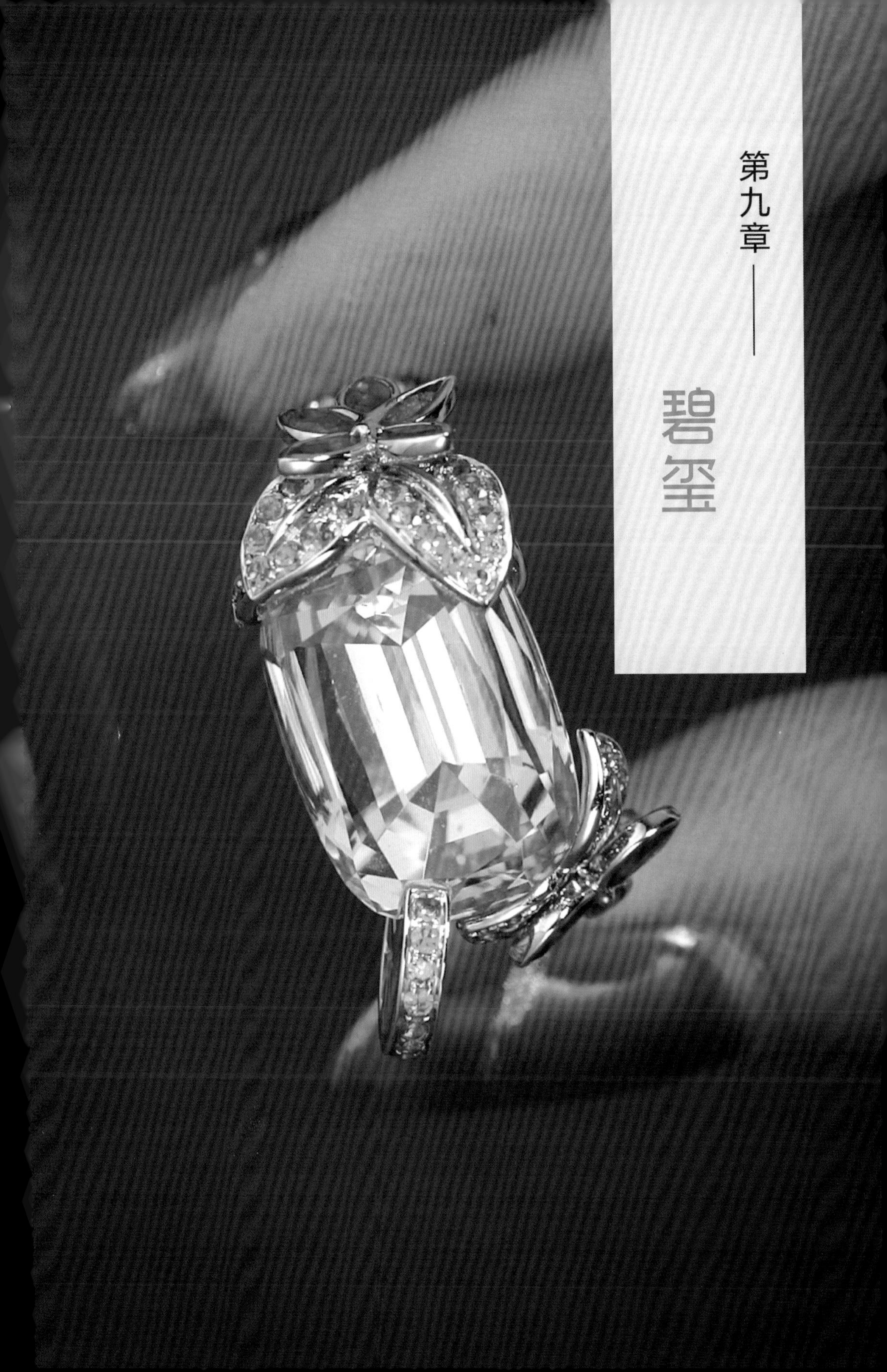

碧玺的宝石学基础信息

英文名称：Tourmaline

矿物名称：电气石

化学成分：$(Na, K, Ca)(Al, Fe, Li, Mg, Mn)_3(Al, Cr, Fe, V)_6(BO_3)_3(Si_6O_{18})(OH, F)_4$

颜色：各种颜色，晶体不同部位可呈双色或多色

光泽：玻璃光泽

莫氏硬度：7—8

密度：3.06（＋0.20，－0.60）g/cm^3

多色性：中至强，深浅不同的体色

折射率：1.624—1.644（＋0.011，－0.009），双折射率0.018—0.040，通常为0.020，暗色可达0.040

荧光：通常无。红、粉红碧玺（弱，红至紫色）

特殊光学效应：猫眼效应、变色效应（稀少）

虽然碧玺作为宝石的历史并不悠久，但其鲜艳的颜色和高透明度迅速赢得了人们的喜爱，因此被誉为"风情万种的宝石"。其英文名为"Tourmaline"，源于古僧伽罗语的"Turmali"，意为"混合宝石"。碧玺也被称为电气石。传说在1703年，荷兰阿姆斯特丹的一些孩子在玩耍时，发现这种航海者带回的石头在阳光下有奇异的色彩，并且能吸引或排斥如灰尘、草屑等轻物体，于是将其称为"吸灰石"。直到1768年，瑞典著名科学家林内斯发现碧玺具有压电性和热电性，这便是"电气石"这一名称的由来。

碧玺是一种电场与磁场共存的宝石，这是一种非常特殊的能量石，据说对人体有非常大的好处，长期佩戴可以让人的心情趋于平和，又能调理身体，但这种说法仁者见仁，智者见智。

碧玺的颜色十分丰富，有点像尖晶石、蓝宝石、钻石，赤橙黄绿青蓝紫都占了。彩虹有的颜色，碧玺基本都有。碧玺最大的特点就是多色性。将碧玺在光线下不停地转动时，我们从不同的角度看其所呈现的颜色是不一样的。因为碧玺成分复杂，而且成分分布不均，所以它的颜色排列也不一样。比如说常见的西瓜碧玺，顾名思义就是它的颜色特别像西瓜，一面是红色系的，另一面是偏绿色系的，看上去非常的清新。除了西瓜碧玺之外，还有一些也是由双色组成的，更有甚者是由三色组成的，只是其颜色不是以红色和绿色为主调，所以不能叫西瓜碧玺。还有一些碧玺有特殊的光学效应，也非常漂亮。比如说碧玺猫眼，注意一定要素面的碧玺才具有猫眼效应。另外，变色碧玺相对来讲比较稀有，因此在市场上很少见到。

有些碧玺由于净度不够，无法被切割成刻面，但会被制作成手串、项链、手牌等饰品，佩戴起来同样美观。购买这类碧玺饰品时，颜色是首要考虑因素，因为碧玺的魅力主要体现在其迷人的颜色上。对于一串碧玺串珠，我们通常会要求其颜色饱和、浓郁、有光泽，且整串颜色一致，这样的品质最佳。

除了同色系以外，糖果碧玺或马卡龙配色的碧玺也很受欢迎。然而，市场上这类碧玺的优质品种并不常见，虽有时会出现一些颜色好看的品种，但往往供不应求。对于那些追求完美的消费者来说，若要找到每颗珠子都是上乘品质的碧玺串珠，就需要投入更多的时间和精力。

我们在选择的时候，应尽量避免选择有明显裂隙或者明显内含物的碧玺。需要特别注意的是，做成圆珠的碧玺，99%以上都经过了充填[①]。这样处理的目的，一方面是为了防止在打磨过程中，碧玺突然裂开，另一方面则是为了提高净度，提升碧玺的美观度。

①　根据国标 GB/T 16552—2017 的定义，充填是指用无色油、蜡、玻璃或树脂等材料充填珠宝玉石的缝隙、（开放）裂隙、空洞或灌注多空隙、多裂隙的珠宝玉石，以改善或改变珠宝玉石的净度、外观和耐久性。

彩色碧玺首饰

糖果碧玺手串

除了素面碧玺，市面上另一个常见的类型便是刻面碧玺。当碧玺本身的净度较高时，通常会被切割成刻面碧玺。这类碧玺有多种颜色，常见的包括红色、粉色、黄色、绿色和蓝色等。挑选时，应尽量避免选择颜色含有太多杂色调的碧玺，其颜色应当浓郁，但又不会发黑。

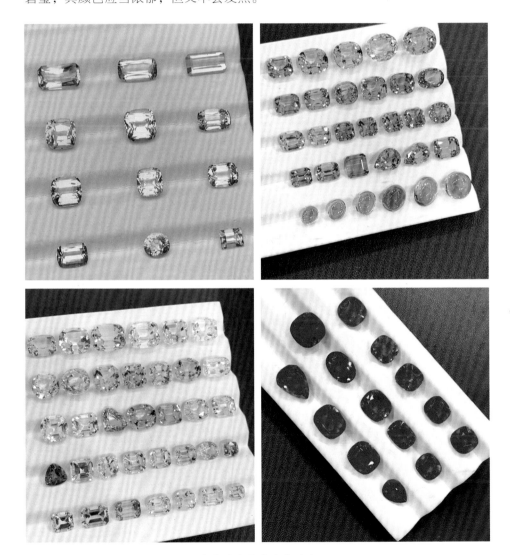

彩色碧玺和卢比来碧玺

在碧玺的众多颜色中，有一些是有专属名称或商用名称的，例如卢比来碧玺和帕拉伊巴碧玺。卢比来碧玺指的是颜色与红宝石相似的碧玺，它在常规碧玺中属于价格较高的。帕拉伊巴碧玺的价格更高。

由于碧玺本身的储量相对较大，消费者在选择时有更大的选择余地，因此，在看碧玺的净度时，应要求至少在肉眼观察下不能有明显的包裹体、矿坑、裂隙等缺陷，尽可能选择非常干净的碧玺。

帕拉伊巴碧玺，自其被发现30多年来，价值已经翻了数百倍，成为宝石市场上的一颗耀眼明星。其超高的颜值和稀少的产量，使其在短时间内受到了广大消费者的热烈追捧。帕拉伊巴碧玺的独特之处在于其强烈的霓虹感，仿佛内含一股无法抵挡的光芒。但并非所有蓝绿色的碧玺都可以被称为帕拉伊巴，只有具有高饱和度和明亮色彩的且由铜和锰致色的碧玺，才能被称为帕拉伊巴。从切工角度来说，我们通常会选择形状规整、对称性好、比例适当的碧玺，但对帕拉伊巴碧玺，我们更看重的是其色彩，因此对其净度和切工的要求可以稍稍降低。帕拉伊巴碧玺的霓虹感，不依赖于切工，而是其本身的特性，这也是我们在选择帕拉伊巴碧玺时，可以适当放宽对切工的要求的原因。帕拉伊巴碧玺的原产地是巴西的帕拉伊巴州，然而现在市场上大部分的帕拉伊巴碧玺都来自非洲。虽然非洲帕拉伊巴碧玺的品质不如巴西的，但经过适当的加热处理，其颜色可以达到与巴西帕拉伊巴碧玺相近的效果。从全球范围来看，巴西、美国、俄罗斯、马达加斯加、斯里兰卡、缅甸等地也都有出产碧玺的矿山。虽然这些地方的碧玺平均品质没有巴西的那么高，但仍有一些颜色鲜亮、受到市场欢迎的优质碧玺。

铬碧玺因其独特的绿色而深受消费者喜爱，其浓郁的翠绿色来源于微量的铬元素。与一般碧玺的薄荷绿不同，铬碧玺呈现出祖母绿般深邃浓郁的翠绿色泽，这种独特的翠绿色使它在碧玺家族中绝无仅有。高品质的铬碧玺颜色饱和均匀，还具有异常强烈的双折射效果，光线进入时会产生明显的白光现象。由于其颜色稳定，铬碧玺适合更加复杂的切工，可打造出无与伦比的色彩魅力。

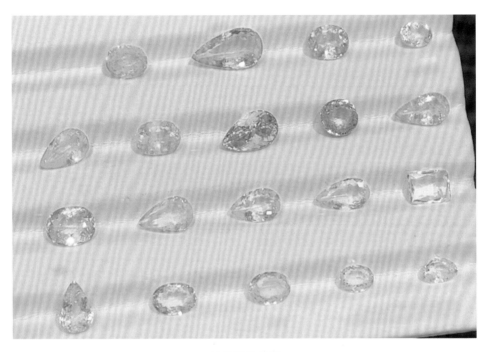

帕拉伊巴碧玺

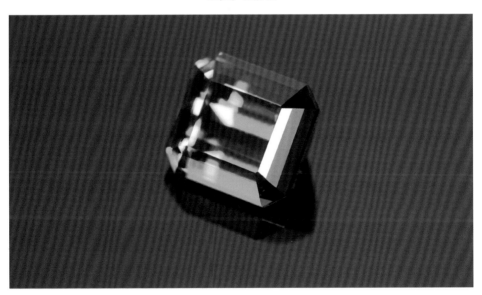

铬碧玺

主要产地有巴西、东非和缅甸等，其中巴西的矿石最为优质。由于其稀有色泽和独特产地，铬碧玺成为碧玺家族中极为珍贵的一员。

拉贡碧玺也是近两年快速崛起的热门品类，主要产自阿富汗、莫桑比克、尼日利亚以及纳米比亚等地。它最显著的特征是色泽鲜明夺目。拉贡碧玺既有湖水的浓郁绿色，又有海水的深邃蓝色，从而形成了独特又迷人的蓝绿色，散发出迷人璀璨的色彩。高品质的拉贡碧玺不仅色泽纯正均匀，没有杂质，而且在颜色饱和度和明度方面都有一定的门槛。由于产量稀少，拉贡碧玺仅占全球碧玺产量的5%左右。稀缺性和独特色泽，使拉贡碧玺的价格远高于普通碧玺。作为碧玺家族中极稀有的存在，拉贡碧玺备受珠宝鉴赏家的青睐，是碧玺中的上品。

拉贡碧玺

碧玺的天然性，最大的问题可能就是填充。珠串99%以上都有填充，但刻面碧玺一般不会采用填充处理，但可能会进行加热处理以提升美感，使碧玺看起来更加漂亮。对于消费者来说，一般可以接受刻面碧玺经过加热处理，但是不能接受碧玺经过填充、改色、镀膜、辐照等处理，这些都是在选择时需要规避的。

因为碧玺的产量比较大，净度比较高，价格也没有那么高，所以没必要专门出国际证书，一般国内的一些检测机构就可以做对应的检测。除了注意基本参数之外，重点看一下天然性，天然性没问题即可。

碧玺的价格跨度其实非常大。十年前，碧玺珠串是用克做单位的，但是现在很多商家已经把单位改成了克拉。从克到克拉的变化，直接影响了碧玺的整个价格体系。碧玺珠串曾经的价格是每克几十元，特别好的一两百元。现在变成克拉了，1克拉等于0.2克，所以现在看上去价格好像差不多，1克拉是几十元到一两百元，但换算一下就知道，相当于涨了5倍。

其实最近这几年，碧玺的价格浮动非常大。有一些碧玺的品质比较高，品相也比较好，价格基本上一直在往上走。有一些品质中等甚至偏差的，价格跳水非常明显，大部分西瓜碧玺、卢比来碧玺都曾经历过大跌价。

第十章 ——

珍珠

珍珠的宝石学基础信息

英文名称：Natural Pearl

化学成分：无机成分（$CaCO_3$）以文石为主，还有少量方解石；有机成分为蛋白质等有机质

颜色：无色至浅黄、粉红、浅绿、浅蓝、黑等色

光泽：玻璃光泽

莫氏硬度：2.5—4.5

密度：天然海水珍珠为 2.61—2.85 g/cm³，天然淡水珍珠为 2.66—2.78 g/cm³

折射率：点测法为 1.53—1.68，常为 1.53—1.56

荧光：黑色珍珠在长波紫外荧光灯下呈弱至中等的红、橙红色荧光，其他颜色的珍珠呈无至强的浅蓝、黄、绿、粉红等色

放大检查：放射同心层状结构，表面有生长纹理

　　珍珠自古就是深受人们喜爱的珠宝品类。所谓珠宝，珠就是指珍珠。市面上珍珠的类别让人眼花缭乱，例如天女、花珠、彩麟、维纳斯、甄选、孔雀、铂金灰、极光等，诸如此类的商用名称数不胜数。这些是市场上的商用名称，在国标中并无命名。

　　珍珠除了含有大量无机成分外，也含有一定量的有机成分。不同种类和质量的母贝所出产的珍珠，其化学成分的含量是有一定差异的。

　　天然珍珠是由贝类或蚌类等动物在不受人为干预的自然环境中生成的，即其生长过程完全没有人工干预。简单地说，如果我们在海边捡到一个贝壳，打开它后，发现里面有颗珍珠，这样的珍珠才能被称作真正的天然珍珠。由于过去没有现代这样成熟的养殖技术，所以古董珠宝上所使用的珍珠基本上都是天然的。

　　利用当前的珍珠养殖技术，海螺珠还是无法被人工养殖，因此它仍然被归类为天然珍珠。市面上常见的其他类型的珍珠则被称为养殖珍珠。

珍珠首饰

　　另外，还要分海水养殖珍珠和淡水养殖珍珠。顾名思义，海水养殖珍珠就是在海里面养殖的珍珠，淡水养殖珍珠主要是在淡水湖里面养殖的珍珠。海水珍珠在美洲、欧洲等水域都有出产，但是我们中国人比较熟悉的主要是日本珍珠和南洋珍珠这两个品种。由于水域与培育的珍珠母贝不同，还有生长的时间年份不同，所以珍珠也会有品质和价格的差异。不少人区分海水珍珠和淡水珍珠的方式简单粗暴，主要看它圆不圆、品相好不好，觉得又大又圆、品相又好的就一定是海水珍珠。这种观念其实过于片面，因为现在淡水也是可以养殖有核珍珠的，也有品质很高的，所以这种判断方式并不准确。还有一种附壳养殖珍珠，是指在珍珠母贝的贝壳内软体部与贝壳之间，由不完整的珍珠囊形成的珍珠。

除此之外，在了解珍珠的种类时，我们还需要区分有核珍珠和无核珍珠。我们通常见到的高品质珍珠大多是有核珍珠。在养殖有核珍珠的过程中，会将采集到的母贝打开一个小缝，然后在其中植入已经磨圆的珍珠核，之后再将其放回海水中养殖。经过一定时间后，再将其打捞起来，取出珍珠，这就是有核珍珠的养殖过程。值得注意的是，一旦打开母贝，它就会死亡。为了实现循环利用，人们会将外层的贝壳磨成小珠子，进行再利用。而无核珍珠是在贝壳的外套膜表皮组织分裂时形成的。在正常情况下，该组织应该包含异物，但有时也会包含贝壳本身的分泌物。当这些物质被植入结缔组织时，便会以与有核珍珠相似的方式形成珍珠。由于无核珍珠没有固定的核心，它们就会按照自然的生长方式形成，因此无核珍珠的形状多样，各不相同。

评估海水珍珠的品质，主要看形状、光泽、表面质量、珠层厚度以及尺寸。其中，形状应尽量接近完美的圆形，表面应该光滑并且闪耀，没有瑕疵，珠层厚度均匀，尺寸越大，价值越高。这些因素共同决定了珍珠的美观程度和价值。

近些年，珍珠里面最热门的类目叫 AKOYA 珍珠。在像御木本这类国际大品牌的产品里，会看到很多这种漂亮迷人的小珍珠。这种珍珠个头不是很大，一般是三到八毫米。因为它的母贝本身偏小，所以没有办法产出大颗珍珠。

虽然它的直径不大，但是特别圆润，而且珠光亮泽，触摸质感非常特别。对精品珍珠来说，AKOYA 是一个十分合适的选项。AKOYA 珍珠并非日本独有，其实在我们中国也有。只是日本海洋岛国的地理环境，决定了它的产量与品质比较大和优良。我们大部分人买到的高品质 AKOYA 珍珠，都是日本出产的。

在珍珠店内，我们经常会听到一个商用名称，叫花珠。花珠是指各项评判标准都达到最优，比例大概是在 200 颗优质珍珠里面，才能挑出 1 颗。花珠还有另外一个分类，直径小于六毫米的，叫作彩凛；直径大于六毫米，叫作天女。市面上还有所谓极光天女、极品天女等说法。

海水珍珠里也有非常受欢迎的品类。我们一般都说南洋珍珠好，（南洋）南太平洋地区包括澳大利亚、印度尼西亚、菲律宾、法属波利尼西亚等地。海水珍珠的个头都比较大，可以轻松超过十毫米。除了价值很高的澳白、南洋金珠和大溪地珍珠，商用名称还有维纳斯、赤金、绚金、孔雀珠、铂金灰等。

　　这类珍珠名词，对外行人来讲，确实有点眼花缭乱。能够出具天女证书的三家权威机构，分别是日本珍珠科学研究所、珍珠综合研究所以及日本珍珠输出加工协同组织。这三家机构都不是日本政府组织，而是属于民间鉴定组织。南洋珍珠的各类商用名称主要是这些民间鉴定机构命名的。

AKOYA 珍珠

　　我国浙江诸暨出产非常多的淡水珍珠，占世界淡水珍珠总产量的 73％、全中国淡水珍珠总产量的 80％，但是当地人不擅长做营销推广，诸暨的珍珠更多时候是做原料或者半成品，并不会特别注重包装，一般按斤、按袋来出售。没有通用的分级标准，没有价格体系，也没有所谓的商用名词，只会冠上诸暨产的淡水珍珠的名称，真的十分可惜。但是近两年，市面上高品质的淡水珍珠越来越多，人们对其认知也在不断提升。

　　想要挑到高品质的淡水珍珠，那就必须考虑四个方面：珍珠的颜色、形状、光泽度以及瑕疵度。

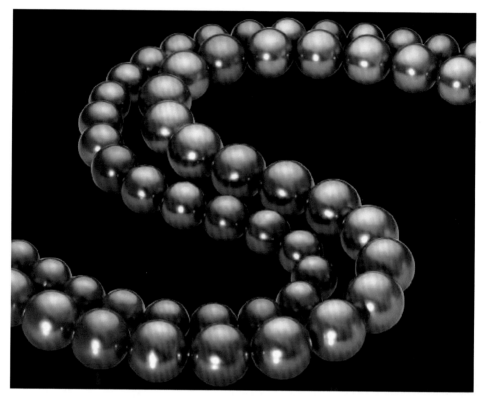

大溪地黑珍珠

　　首先，珍珠的颜色是一个非常重要的参考指标。珍珠的颜色成因非常多，主要和伴色、珠核的颜色、有机介壳质的颜色、移植到珍珠中外套膜组织的颜色以及珍珠的生长环境有关。颜色成因的具体内容就不给大家做过多的展开，大家只需要知道我们通常会把珍珠的颜色分为体色和伴色。体色指的就是珍珠的主色，也就是珍珠整体的颜色。通常情况下，要选择干净透亮的白色体色的珍珠，切记不要选择体色发黄的珍珠，体色发黄的珍珠往往颜值会低一些，"人老珠黄"中的"珠黄"就是指发黄的珍珠。伴色是指泛于珍珠体色之上的一种或多种半透明的表面次色，比如我们常见的白珍珠通常会有粉色或青色的伴色，大溪地黑珍珠可能会伴有蓝绿色。如果珍珠本身几乎没有伴色，说明其品质较低。

淡水珍珠筛选

　　其次，看形状。通常情况下，形状越圆，珍珠也就越贵。当然也会有一些例外，比如说珠形漂亮的大水滴、大馒头形的马贝珠，品质很好的巴洛克珍珠，这些价格也不低。我们在判断一颗珍珠圆不圆的时候，有一个实用小技巧。可以将珍珠放置在平坦的桌面上，让其自行滚动。如果珍珠能够沿着直线滚动，则说明它的形状非常接近完美的圆形。若珍珠的运动轨迹曲折，那么它的形状可能没有那么圆。根据中国国家淡水养殖珍珠分级标准规定，我们把圆形珍珠分为正圆、圆、近圆三类，具体分级如下。

　　正圆：最大直径和最小直径之差≤3％。

　　圆：最大直径和最小直径之差＞3％且≤8％。

　　近圆：最大直径和最小直径之差＞8％且≤12％。

　　当我们在选择珍珠珠串时，对于形状的要求就不能过于苛刻了。如果要求每一颗都是正圆的，那整条珠串的性价比就太低了。

再次，光泽也是我们挑选珍珠的重要参数。珍珠的光泽是由光在方解石和板状文石晶质层上的反射、衍射和干涉引起的。在评估珍珠的光泽时，要在珍珠表面弧度最大的地方观察其反射光的清晰度和反射面积，IGI 用百分数的形式将珍珠的光泽分为四个级别：如果珍珠光泽几乎可以达到金属光泽，能够看到清晰的反射轮廓，那就会被定义成光泽很强，达到了 100 分；如果只是光泽很好，有明显的反射轮廓，那就只能给到 85—90 分；如果是光泽明亮，拥有玻璃一般的光泽，那就是 50—70 分；如果珍珠的光泽暗淡，那对应的分数就只有 25—50 分。

最后一个参数是瑕疵度。一般来说，在珍珠分级的时候，不必对瑕疵评定太严格，因为在珍珠表面总是会存在这样或那样的缺陷。大家可以根据自己的预算进行选择，最好选择微瑕或无瑕的等级。在淡水珍珠里，8—10 mm 以上的，由于生长周期比较长，所以皮纹和生长纹会比较明显一些，但是考虑到淡水珍珠和海水珍珠之间价格的巨大差异，这种小小的美中不足其实还是可以包容的。如果是 6 mm 以下的高品质淡水珍珠，则不需要担心会存在生长纹。

随着这两年国内高品质的淡水珍珠崭露头角，越来越多的消费者都开始倾向于选择我们的国货珍珠，但依旧有不少人认为，海水珍珠的品质就一定比淡水珍珠更高。其实高品质的淡水珍珠已经和海水珍珠难分伯仲了，只是因为平时在市面上看到的海水珍珠以进口为主，都经过了仔细挑选，一般是 70—100 分这个跨度；淡水珍珠以国产为主，而且数量庞大，跨度从 5—100 分。虽然市面上不乏一些高品质的淡水珍珠，但可能大家平时很少接触到，更常接触的还是一些在旅游景区或者直播间里的低端淡水珠，自然而然地就形成了淡水珍珠品质差、价格低这样的刻板印象。目前，部分实验室推出了针对淡水珍珠的品质分级，但是在选购珍珠的时候，也不能只看证书，因为珍珠与钻石的鉴定方法不同。钻石的鉴定标准，相对珍珠更为精细。珍珠的证书只是做个参考，看看是不是天然的、是否有调色、尺寸是多少、大概是什么等级，但具体的品质还是以实物为准。

不过话说回来，珍珠本身的耐久性，相对宝石而言，就没有那么强了，所以女性朋友对待心爱的珍珠，一定要记得按时择法保养，以免失去它本身应有的细腻光泽。

另外，选购珍珠时，心态一定要好，不可心急。毕竟珍珠不同于红蓝宝石、祖母绿、钻石等等，这些宝石在佩戴很多年后，不想戴了，可能会传给下一代，但是珍珠的耐久性没有那么强，只能自己佩戴，无法做传家宝。这一点，还请小伙伴们牢记。

珍珠首饰

第十一章——

海蓝宝石

海蓝宝石的宝石学基础信息

英文名称：Aquamarine

矿物名称：绿柱石

化学成分：$Be_3Al_2Si_6O_{18}$，含 Fe 等元素

颜色：浅蓝、绿蓝至蓝绿色，通常色调较浅

光泽：玻璃光泽

莫氏硬度：7.5—8

密度：2.72（＋0.18，－0.05）g/cm^3

多色性：弱至中等，蓝、绿蓝或不同色调的蓝

折射率：1.577—1.583（±0.017），双折射率：0.005—0.009

荧光：无

特殊光学效应：猫眼效应

在早期，海蓝宝石被业界视为较为低端的宝石，甚至在上游市场的批发环节中，供应商会将其混入水晶中一起出售，因此，一些商家将其称为蓝水晶。然而，随着人们对海蓝宝石认知的逐渐提升，以及海蓝宝石本身在硬度、净度和光泽度等各项综合指标上的出色表现，这种宝石逐渐在市场上获得了较高的关注，并成为热门品类之一。

海蓝宝石属于半宝石的范畴，位列名贵宝石之下。随着贵重宝石价格的持续攀升，商家和消费者的注意力开始转向了价格相对亲民的半宝石。在半宝石中，海蓝宝石、沙弗莱和尖晶石等都是极为优秀的代表。近年来，它们的价格也在不断上涨。曾经被视为低端且便宜的海蓝宝石，现在却变成了香饽饽。

在海蓝宝石价格还处于较低水平时，对其颜色的判定并没有形成标准，也没有进行非常准确的颜色分级。市面上对海蓝宝石颜色的判定一般是 2A、3A、

海蓝宝石首饰

4A、5A①。它的颜色浓度越深，就越多 A，最高 5A，然后在 5A 里面，最好的就叫圣玛利亚，它的颜色饱和度非常高，仿佛把海洋之色尽收于方寸之间。目前，各个机构对于海蓝宝石的颜色评级并没有一个统一的标准。还有一些做外单的工厂，对海蓝宝石的颜色评级不是 3A、4A、5A，而是 CE、C1、C2 等。即使是在同一个珠宝市场，大家对海蓝宝石的颜色评价也不一样，比如在这家是 3A 级的，在另一家有可能是 4A。

随着市场对海蓝宝石的认可度逐渐提高，吉尔德宝石实验室根据孟塞尔颜色理论，结合颜色三要素（饱和度、明度和色调）将海蓝宝石的颜色分为 Blue（蓝）、Vivid Blue（艳蓝）、Santa Maria Color（圣玛利亚色）。在吉尔德宝石实验室颜色分级体系中，圣玛利亚色（Santa Maria Color）被用来形容高品质海蓝

① 3A、4A、5A 或 C1、CE 等颜色分级均为市场上的商用名称，在国标里没有这些分级。

海蓝宝石的颜色对比

宝石的颜色，只对较高饱和度、适当明度的蓝色海蓝宝石进行"圣玛利亚色"的描述。其中，饱和度更高、明度更好的圣玛利亚色会得到 Exceptional Santa Maria Color（超级圣玛利亚色）的评级。在购买圣玛利亚或者超级圣玛利亚海蓝宝石的时候，千万不要仅仅根据证书上面的描述来判断它的价值。在看到实物之前，它的品质浮动很大，所以大家在选购的时候，不需要过于纠结证书的颜色评级，只要是自己喜欢的颜色，就可以放心大胆地入手。

圣玛利亚色和超级圣玛利亚色海蓝宝石

在选择海蓝宝石的时候，尽量选择颜色浓郁又不发灰发暗的。当然也有一些特别的，比如说无色的海蓝宝石，它的质感也挺好的，像颗小冰糖一样。海蓝宝石的净度也是比较高的，它虽然和祖母绿同属于绿柱石大家族，但是拥有祖母绿无法媲美的超高净度。如果内部的杂质比较多，我们通常会把它切成素面的手串。素面的海蓝宝石手串和素面的碧玺手串有共性，它们几乎都是经过填充处理的。如果不填充处理的话，珠子基本没办法成形。可以明确地告诉大家，宝石专用胶水并不便宜，如果工厂用的是进口的胶水，那么胶水的成本甚至比原石还要高。

海蓝宝石手串

如果内部杂质比较少，我们通常会切成刻面，所以市面上的刻面海蓝宝石几乎都是肉眼无瑕的。另外，还有一些海蓝宝石里也存在平行管状的包体，当这些包体密集出现时，就会出现我们熟悉的猫眼效应，一般具有特殊光学效应的海蓝宝石的身价会更高一些。

海蓝宝石的毛坯比较容易获得，颗粒也比较大，所以我们经常能看见一些大克拉的海蓝宝石，超过 10 克拉的海蓝宝石都不算重量级的，20 克拉的海蓝宝石也不罕见。

切工对彩色宝石的影响非常大，购买时应观察它的形状是否周正、是否对

海蓝宝石的原石

称。我们在市面上经常会遇到一些宝石，只有在固定角度看上去，火彩才比较好，稍微改变一下角度，它的火彩看起来就会很差，这肯定是它的切工出了问题。因为海蓝宝石相对便宜，而且硬度以及透明度都很优秀，在切割的过程中有着非常高的可塑性，所以我们对它切工的要求可以严格一点。市面上比较常见的就是祖母绿切、椭圆形以及水滴形，在众多的切工中，我偏爱水滴形的海蓝宝石，因为我一直以来都觉得水滴形的海蓝宝石像极了美人鱼的眼泪，而且火彩也特别好，无论做什么款式的镶嵌，都非常好看。

海蓝宝石首饰

　　与红宝石、蓝宝石等名贵宝石有所不同，是否加热以及产地并非选择海蓝宝石的重要参考指标。海蓝宝石的主要产地有巴西、俄罗斯、纳米比亚、马达加斯加、莫桑比克、津巴布韦、印度与斯里兰卡。一般来讲，巴西的海蓝宝石品质是不错的，但是海蓝宝石并没有像红蓝宝石一样，某产地的有非常明显的溢价，海蓝宝石一般不会强调它的产地是哪里。海蓝宝石也分有烧和无烧，但是价格并没有拉开明显的差距，而且很多鉴定机构并不会标注是有烧的还是无烧的。在市面上关注海蓝宝石的时候，不用刻意强调它是有烧的还是无烧的，但是刻面的海蓝宝石需要强调不可以注胶。很多晶莹剔透的海蓝宝石可能是经过注胶的，一旦经过注胶，海蓝宝石的价值就直线下降，所以非常不推荐购买注过胶的海蓝宝石。

　　海蓝宝石，那抹深邃的蓝，承载了大海的神秘，也象征着生命的广阔。海蓝宝石的色泽是大海的写照，也是生命之光的缩影。每一颗海蓝宝石都是大自然馈赠的瑰宝，蕴含着无穷的力量。佩戴海蓝宝石，犹如身处大海，感受涛声的拥抱，心灵亦于其中获得宁静。那一方纯净的蓝，洗涤着躁动的心，带来平和与自在。

第十二章

石榴石

石榴石的宝石学基础信息

英文名称：Garnet

矿物名称：石榴石

化学成分：

铝质系列，$Mg_3Al_2(SiO_4)_3$-$Fe_3Al_2(SiO_4)_3$-$Mn_3Al_2(SiO_4)_3$

钙质系列，$Ca_3Al_2(SiO_4)_3$-$Ca_3Fe_2(SiO_4)_3$-$Ca_3Cr_2(SiO_4)_3$

颜色：除蓝色之外的各种颜色

镁铝榴石（中至深，橙红、红色）

铁铝榴石（橙红至红、紫红至红紫色，色调较暗）

锰铝榴石（橙至橙红色）

钙铝榴石（浅至深绿、浅至深黄、橙红色，少见无色）

钙铁榴石、翠榴石（黄绿、褐黑色）

黑榴石（灰至黑色）

钙铬榴石（绿色）

光泽：玻璃光泽至亚金刚光泽

莫氏硬度：7—8

密度：3.50—4.30 g/cm^3

多色性：无

折射率：铝质系列（1.710—1.830），钙质系列（1.734—1.940）

荧光：通常无，近于无色，黄浅绿色钙铝榴石可呈弱橙黄色荧光

特殊光学效应：星光效应（稀少），通常四射星光，偶见六射星光（铁铝榴石）。变色效应

　　石榴石在青铜时代就被人类作为宝石和研磨材料。它是一种硅酸盐矿物，颜色几乎涵盖了光谱里所有的颜色。因为形状、大小和颜色都很像石榴籽，所以被称为石榴石。石榴石是一个庞大的家族，里面分为铁铝榴石、镁铝榴石、

锰铝榴石、钙铁榴石、钙铬榴石、镁铬榴石等。有一些很重要的商用名称，比如沙弗莱、芬达石以及翠榴石等等。除此之外，随着大众对石榴石的认知不断加深，石榴石中越来越多优秀成员也走入了大众的视野，比如紫牙乌石榴石、桂榴石以及马拉亚石榴石。

沙弗莱石的化学名称是铬钒钙铝榴石，含有铬和钒元素。沙弗莱 1967 年被发现于肯尼亚的沙弗莱国家公园，后来在加拿大、美国、斯里兰卡、南非等国家都有发现。在市场上，看沙弗莱的时候，总觉得它比较小。在原石市场，超过 2 克拉的沙弗莱原石只有 2.5％，超过 5 克拉的就非常罕见。

沙弗莱以其独特的绿色著称。在判断莎弗莱的颜色优劣时，可以从色相、饱和度、明度三个维度来评价。与祖母绿类似，沙弗莱可能偏蓝或偏黄，但最珍贵的仍然是颜色正、接近优质祖母绿的色彩。2023 年 3 月 10 日，美国吉尔德宝石实验室根据明度、饱和度以及色相，给沙弗莱推出了两个全新的商用名称——卡扎尼绿（Kijani Green）以及薄荷绿（Mint Green）。卡扎尼绿是沙弗莱中顶级的颜色，它拥有超高的色彩饱和度以及优秀的明度，让人仿佛置身于森林之中，感觉春意盎然，是一种具有生机和活力的绿色。薄荷绿则拥有超高的明度，但饱和度相对较低，往往还有橙色或红色的荧光，是一种非常清新、明亮的颜色。

尽管沙弗莱以高净度著称，但作为天然的彩色宝石，难免会存在一点点瑕疵，完美无瑕的全净体可遇不可求，但相比祖母绿而言，沙弗莱的净度就非常高了。在选购沙弗莱时，无须过分追求无瑕，但也应当保证社交距离无瑕。

芬达石，作为锰铝榴石的一种，拥有如火焰般明亮的颜色，这种色彩的活力与热情让人联想到耀眼的太阳。历史上，尽管芬达石曾被定位为较低端的宝石，但随着市场的变迁，其在近年来逐渐受到了珠宝爱好者的追捧，需求持续增长，价格逐年攀升。特别是受到新冠疫情的冲击，供应链受到影响，国内市场的芬达石价格上涨尤为明显。

沙弗莱首饰

沙弗莱戒指

然而，对于芬达石的产量和品质，业界普遍持谨慎甚至悲观的态度。上游的原料供应不足，同时原料的价格也远不如以往合理，优质的芬达石愈发稀缺。从宝石学的角度看，芬达石天生常带有微裂纹和内含物，虽然这些特征没有达到祖母绿的显著程度，但完全纯净、无瑕疵的芬达石样品在市场上可以说是凤毛麟角。

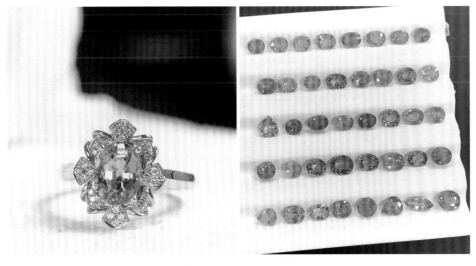

芬达石戒指和芬达石裸石

　　翠榴石是钙铁榴石中含微量铬元素的翠绿色变种。这种宝石在市面上并不常见，但早已名声在外，原因在于其火彩相当优秀。翠榴石的折射率高达1.888，这使得它在光线下展现出独特的魅力。另外，它的色散值为0.057，超过了钻石的0.044。这意味着翠榴石在光线下可以折射出丰富的颜色，形成一种类似彩虹的效果。

　　翠榴石的颜色跨度较大，其中翠绿色最受人们喜爱。除了翠绿色以外，还有黄绿色以及明显的黄色。许多人提到翠榴石时，常会提及马尾状包裹体，这是乌拉尔山脉翠榴石的标志性特征，所以很多人会认为买翠榴石一定要买有肉眼可见的马尾状包裹体的。这种观念其实是不对的，马尾状包裹体只是确定翠榴石产自乌拉尔山脉的重要特征，从而提高其稀缺性以及商业价值。这种马尾

翠榴石

状包裹体是一种石棉纤维，形状像放烟花一样，放大看还蛮好看的，但肉眼看得到并不是一件好事。

业内认为产自俄罗斯乌拉尔山脉的高品质的翠榴石是最好的，翠榴石有很多产地，比如说意大利、德国，还有纳米比亚等。纳米比亚产地的翠榴石颜色其实算不上顶级，但是它的净度非常高。在纳米比亚的翠榴石里，是看不到马尾状包裹体的。翠榴石的硬度是 6.5—7，在日常保养的时候，尽量不要跟其他的宝石混在一起存放保管。

紫牙乌石榴石的致色元素为锰元素，呈现出从浅紫到深紫的独特紫色调，色泽饱和度高，令人瞩目，因此被称为"紫牙乌"。它主要在巴西的特定地区出产。紫牙乌石榴石色泽出众，其硬度为 6.5—7.5，这使其具有出色的抗磨性能。更为重要的是，它还拥有极高的透明度和纯净度，是优质的珠宝镶嵌材料。由于这些独特性质，它广受全球珠宝爱好者和收藏家的追捧。

桂榴石的色泽最引人注目，其独特的金黄色调如同金子，具有高色彩饱和度和好看的光泽。它的金黄色调源自其所含的微量铁元素。只有高品质的桂榴石色泽才会如此纯正均匀，并且不受杂质的影响。其主要产地分布在巴西的特定地区和尼日利亚。桂榴石因其色泽酷似芬达石，且价格较为低廉，成为芬达

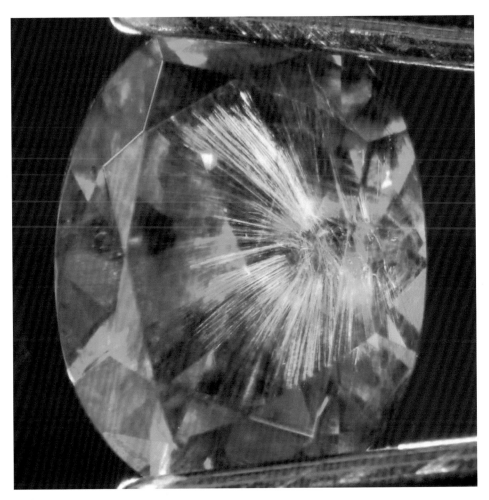

马尾状包裹体

石的平替。

　　市面上的镁铝榴石以其红色品种为主，色调介于褐红色至淡紫红色，其中色泽鲜艳的尤为罕见和珍贵。这些红色调源自其所含的微量铬元素和铁元素。它的主要产地包括俄罗斯、挪威、捷克和中国。马拉亚石榴石的硬度为 7—7.5，折射率为 1.74—1.76。在这种石榴石中，色泽鲜艳、正红色的是市面上比较常见的，价格也不高，常常被人们视作红宝石的平替。

镁铝榴石

桂榴石

石榴石作为一个庞大的宝石家族，其丰富多样的种类为宝石收藏界带来了无限的可能。无论是璀璨夺目的翠榴石，还是色泽纯净的沙弗莱，抑或罕见的紫牙乌，每一种石榴石都散发着独特的魅力。在这一大家族中，我们可以发现大自然无穷的魅力，也可以寻找到那一抹符合自己气质的色彩。

坦桑石的宝石学基础信息

英文名称：Zoisite

矿物名称：黝帘石

化学成分：$Ca_2Al_3(Si_2O_7)(SiO_4)O(OH)$，可含 V、Cr、Mn 等元素

颜色：蓝、紫蓝至蓝紫色、褐、黄绿、粉色等色

光泽：玻璃光泽

莫氏硬度：6—7

密度：3.35（+0.10，−0.25）g/cm^3

多色性：三色性，强

蓝色（坦桑石）：蓝、紫红和绿黄

褐色：绿、紫和浅蓝

黄绿色：暗蓝、黄绿和紫

折射率：1.691—1.700（±0.005），双折射率：0.008—0.013

荧光：无

特殊光学效应：猫眼效应（稀少）

坦桑石，也称丹泉石，属于黝帘石家族中的宝石级别品种。这种矿物含有钙、铝和硅酸盐，属于斜方晶系，以其多变的颜色而著称。未经过加热处理的坦桑石可能呈现红紫色、淡黄色或者混合绿色调和蓝色调，一旦经过加热处理，坦桑石便会呈现光彩熠熠的紫调蓝色，这种独特的色彩极为吸引人。

据说，坦桑石最初是在坦桑尼亚的乞力马扎罗山山脚下的草原上被发现的。1967 年，一场由雷击引发的大火席卷了这片草原。当地人在火灾过后返回此地时，惊奇地发现被火焚烧过的地方竟然出现了一种蓝紫色的宝石，这便是后来人们熟知的坦桑石。由于这一发现，加热处理成为坦桑石加工中的一个常规步骤。将坦桑石加热到 600 ℃时，它会呈现独特而美丽的蓝紫色。1969 年，美国

坦桑石首饰

著名珠宝公司蒂芙尼以这种宝石的发现地给它命名，从此它被广泛地称为坦桑石，并在当时的美国市场上大受欢迎。

市场上存在各种关于坦桑石等级的评定标准，如 3A 级、4A 级或 5A 级。实际上，国际上没有关于坦桑石颜色的统一标准，这使得这些评级标准非常模糊。各个实验室会根据具体情况和自己的标准，对坦桑石的颜色进行评级。例如，有些实验室在描述坦桑石颜色时，可能只会写"蓝色"，而另一些实验室则会使用缩写"vB"来表示蓝色系的坦桑石，用"bV"来表示蓝紫色的坦桑石。由于坦桑石的颜色与蓝宝石的相似度非常高，若仅用肉眼观察，很难区分两者，

坦桑石裸石

这也导致了坦桑石在零售市场上常常被作为蓝宝石的平替来进行销售。

坦桑石的价格通常受颜色的影响，颜色越接近顶级皇家蓝蓝宝石的，价格往往越高。然而，审美是非常主观的，不必过分关注市场上的主流评价，你完全可以根据自己的喜好来做选择。例如，你可能更倾向于选择紫色调的或者颜色较浅的坦桑石，这都是完全可以的。一颗淡紫色的坦桑石展现出清新自然之美，配以精良的切割工艺，其璀璨效果同样能够吸引人们的目光。因此，无须一定要选择 5A 级或者皇家蓝色的坦桑石，选择自己真正喜欢的才是最重要的。

从整体来看，坦桑石的净度非常高。在选购时，我们尽可能挑选那些像玻璃一样干净透明的坦桑石。此外，坦桑石的切割形状有很多种，常见的包括正圆形、椭圆形、水滴形、马眼形、阿斯切形、祖母绿形切割等等。

颜色接近皇家蓝的坦桑石

当我们讨论其他宝石时，产地是重要的考虑因素，但对于坦桑石而言，产地并不是一个重要的考虑因素，因为它的产地只有坦桑尼亚。

尽管坦桑石的价格一直保持着上涨态势，但它的升值空间相对较小，这主要由两个因素决定。首先，与它的硬度有关。坦桑石的硬度为 6.5—7。如果其硬度超过 7，其市场价格则会高于当前水平，因为众所周知，硬度超过 7 的宝石通常具有更好的耐用性和抗损性。

然而，这并不意味着坦桑石不耐用。事实上，坦桑石足够硬，以至于普通金属无法在其表面留下刮痕，反之，坦桑石却能在许多金属表面划出痕迹。只要妥善保管，并避免粗暴碰撞，坦桑石依然能保持其美丽和完整性。

其次，坦桑石的天然性也是限制价格的因素。尽管坦桑石是天然宝石，但其类似皇家蓝那种深邃的湛蓝色需要经过加热处理才能显现。加热处理大致可分为两种情况：一种是原石颜色不够美丽，加热后变成漂亮的蓝色；另一种是原石就已经是蓝色的，但这并不表示它未经过加热处理，更可能的是它在地表下经历了大自然的高温"熏陶"。正因为它的硬度和加热处理的原因，坦桑石的价格难以大幅提升。

然而，无论你愿不愿意承认，坦桑石仍旧是一种罕见且美丽的天然宝石。据传，它预计在 2025 年绝矿，如果你钟情于这抹迷人的蓝紫色，不妨趁早下手。

正圆切工的坦桑石

坦桑石耳钉

第十四章——锂辉石

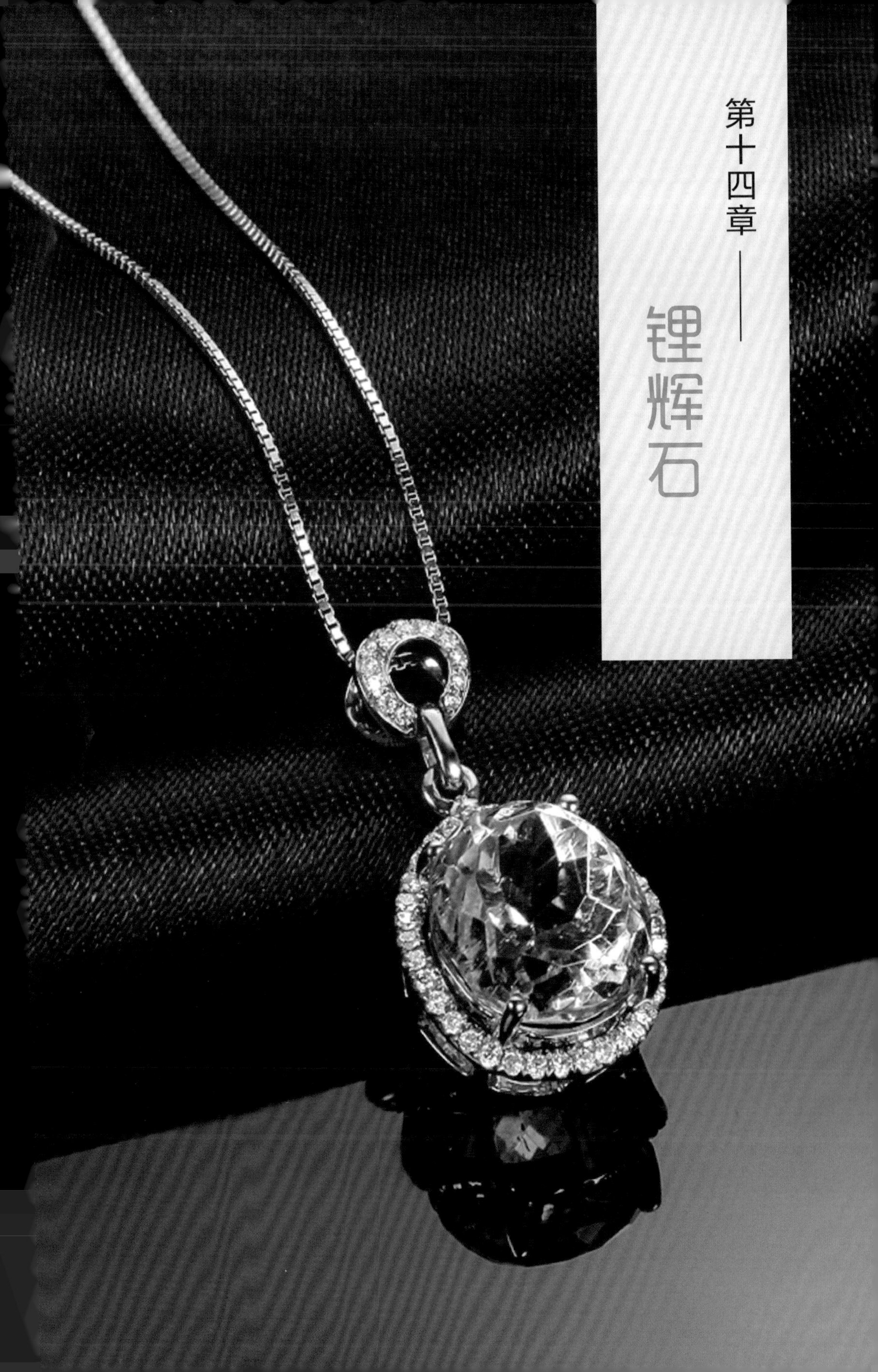

锂辉石的宝石学基础信息

英文名称：Spodumene

矿物名称：锂辉石

化学成分：$LiAlSi_2O_6$，可含 Cr、Mn、Fe、Ti、Ga、V、Co、Ni、Cu、Sn 等微量元素

颜色：有多种颜色，粉红色至蓝紫红色、绿色、黄色、无色、蓝色，通常色调较浅。宝石级锂辉石有两个重要变种，含 Cr 者呈翠绿色，称为翠绿锂辉石；含 Mn 者呈紫色，称为紫锂辉石

光泽：玻璃光泽

莫氏硬度：6.5—7

密度：3.18（±0.03）g/cm^3

多色性：色深者较明显，粉红色至蓝紫红色者具有中等至强的三色性，分别为浅紫红色、粉红、近无色；翠绿锂辉石具有中等强度的三色性，分别为深绿、蓝绿、浅淡黄绿色

折射率：1.660—1.676（±0.005），双折射率：0.014—0.016，色散值 0.017

荧光：长波紫外光下，粉红色至蓝紫红色锂辉石呈中等至强度粉红色至橙色荧光；短波紫外光下，荧光相对较弱，呈粉红色至橙色

特殊光学效应：可呈现星光效应和猫眼效应

锂辉石是一种可能不太为人熟知的矿物，它不仅是提炼锂及其化合物的重要来源，还在高级耐火材料领域得到了广泛应用。然而，除了这些工业用途，锂辉石还隐藏着另一个鲜为人知的身份，那就是宝石。特别是紫锂辉石和翠绿锂辉石，由于它们独特的色彩和光泽，已经成为广大珠宝爱好者珍视的收藏品和饰品。

　　你可曾想象，世界上存在一种宝石，它的色彩如同初绽的薰衣草，清新、淡雅且极富神秘感。这样的宝石，有一种与众不同的魅力，它并不渴望在烈日

紫锂辉石裸石

下大放异彩，而是喜欢在夜晚与它的主人共度浪漫时光。这就是紫锂辉石，也被称为"孔塞石"。尽管"紫锂辉石"这个名字大家可能并不熟悉，但它的美丽与神秘足以让任何人为之倾倒。

紫锂辉石属于单斜晶系，颜色有紫、红、黄、绿等，其中，紫色的紫锂辉石是最为珍贵和美丽的。迄今为止，紫锂辉石依旧算是一种比较小众又冷门的宝石，价格非常低。

和绝大多数宝石的命运截然不同，紫锂辉石的身世非常坎坷。在它还没成名之前，它的主要作用就是提炼锂元素。直到1902年，著名的宝石学家孔塞在加利福尼亚发现了这种被埋没的美丽宝石，他认为紫锂辉石有两个最显著的特征：一是其能发出类似钻石的磷光，在被太阳的紫外线照射以后，再拿到较暗的室内，这种光变可以清晰地被观察到；二是其具有多向色性，从不同的角度观看，它会呈现不同的色彩。于是，他将紫锂辉石引进了蒂芙尼的大家族。自此，紫锂辉石才以宝石的身份登上舞台，改写了自己的命运。为了向这位宝石学家致敬，人们根据他的姓氏"Kunz"（孔塞），将紫锂辉石命名为 Kunzite，其中文别称"孔塞石"也正是这个单词的谐音。

紫锂辉石戒指

紫锂辉石是锂辉石里一个非常重要的变种，因为含有锰元素而呈现出优雅的紫色。市面上的紫锂辉石的颜色有浅有深，其本身颜色并不稳定，如果长期暴露在强光或接触高温，紫锂辉石有褪色的风险，所以在佩戴紫锂辉石的时候，不建议在阳光下暴晒。也正是因为紫锂辉石的这个特性，它才被浪漫地称作"暗夜的精灵"。

紫锂辉石具有多色性，从不同的角度观察紫锂辉石的时候，我们可以看到粉色或紫色，所以在精切的刻面紫锂辉石上，会出现各个刻面呈现不同的颜色相互叠加或者穿插的现象，这就是紫锂辉石最令人着迷之处。如果我们佩戴的是大克拉的紫锂辉石，光线可以在宝石上自由地流动，散发出令人惊艳的紫色光芒。在过去，有很多上流社会的名媛喜欢佩戴紫锂辉石出席各种晚宴，结合其不能长时间暴晒的特性，所以紫锂辉石获得了"夜宴宝石"的美誉。

紫锂辉石戒指

　　如果你想入手一颗品质不错的紫锂辉石，那就必须优先看颜色。颜色是衡量紫锂辉石价值的重要因素，一般来说，颜色越深越好，越鲜艳越好，越均匀越好。理想的紫锂辉石应该呈现淡紫红色或薰衣草色，而不是灰暗或泛白的色调。紫锂辉石的颜色会随着光线和观察角度的变化而变化，这是正常的现象，但不应影响其整体美感。其次看透明度，透明度也会影响紫锂辉石的美感和价值。一般来说，透明度越高越好，但不应过于透明而失去色彩。理想的紫锂辉石应该呈现完全透明或半透明的状态，内部没有或者仅有一点点内含物。内含物过多或过大会影响紫锂辉石的光泽和火彩，降低其品质。

　　紫锂辉石虽然小众，但是也得到了名人名流的青睐。传奇女星伊丽莎白·泰勒的丈夫就曾在结婚 9 周年的时候为她定制了一条紫锂辉石项链，伊丽莎白·泰勒曾多次佩戴它出席社交场合。除了伊丽莎白·泰勒以外，美国前总统肯尼迪也曾为妻子定制过一枚紫锂辉石戒指作为圣诞节的礼物，只可惜他还没亲手将这枚戒指送给杰奎琳，便遇刺身亡了。从那以后，杰奎琳几乎不再佩戴珠宝首饰，而那枚紫锂辉石戒指也成为她的珍藏品。

紫锂辉石耳环

水晶的宝石学基础信息
英文名称：Quartz
矿物名称：石英
化学成分：SiO_2，可含 Al、Fe 等元素
颜色：无色、紫色、黄色、粉红色，不同程度的褐色至黑色、绿色
光泽：玻璃光泽，断口可具油脂光泽
莫氏硬度：7
密度：2.66（＋0.03，－0.02）g/cm³
多色性：多色性弱，与体色深浅有关
折射率：1.544—1.553，双折射率：0.009
荧光：无

石英是地壳中最常见的造岩矿物之一，也是珠宝界应用数量和范围颇大的一类宝石。石英宝石有显晶质、隐晶质等多种结晶形态，其中单晶石英在珠宝界统称为水晶。水晶的颜色非常丰富，较为常见的有无色、紫色、黄色、粉红色、不同程度的褐色至黑色以及绿色。

水晶的魅力在于其特有的光学性质和结晶完整性。白水晶属于无色水晶的一个类别，其最大的特点是色泽纯净。高品质的白水晶不含任何杂质，完全透明无色，像一块凝结的纯净冰块。这种高透明度使其可以充分反射进入的光线，产生极强的折射闪烁。由于其纯净度极高，白水晶常被用来制作光学器件，但有些白水晶会由于微量杂质而带有淡黄或灰色调。选择白水晶时，应注意其透明度和纯净度。

黄水晶的颜色来源于其所含的铁元素。根据铁的含量不同，黄水晶的颜色可以从极浅的米黄色变化至深褐色。铁含量越高，颜色越深、越饱和。高品质的黄水晶颜色均匀而纯正，呈现出阳光般的金黄色泽。也有些黄水晶中可能混入了绿松石，呈现绿黄色。选择黄水晶要注意颜色的纯正度和均匀性。

　　发晶是一种双晶或多晶结构的水晶，其特点是两个或多个水晶单晶以平行的方式共同生长。由于这样的生长方式，发晶中不同晶体的方向不一样，所以当光线进入时，会产生条纹状的折射效果。这种条纹现象是发晶的标志。高品质的发晶条纹清晰规则，对称性好。发晶常见的颜色有无色、黄色、紫色等。

　　幽灵水晶中含有大量微小的液体或气体包裹体，这些包裹体像烟雾一样散布在水晶基体内，使其产生像烟雾一样朦胧的效果，使幽灵水晶神秘而梦幻。高品质幽灵水晶的"烟雾"分布均匀，可见度高。除了天然的，还有人工合成的幽灵水晶。这类水晶独特的视觉效果使其深受收藏家的喜爱。

　　选择水晶不仅要考虑颜色，还要考虑透明度、内部的裂纹和包裹体，这些都是评估水晶品质的关键因素。每种水晶都有其独特的光学和物理性质，为珠宝设计师提供了无尽的创意空间。在众多水晶中，最广受好评的当属紫水晶。

黄水晶首饰

发晶首饰

　　紫水晶是石英矿物的紫色类别，也是市面上比较常见的一种水晶品类。它的颜色从浅紫色到深紫色都有，可能会带有不同程度的褐色、红色或蓝色。巴西所产的紫水晶普遍品质较高，呈现迷人的深紫色，迎着紫水晶的刻面去观察，可以看到闪耀的紫红色光芒。

　　如果你看过一部名叫"宝石之国"的动漫，想必你应该还记得里面的人物——紫水晶双子。或许你会有疑问，为什么剧里其他宝石都是一枝独秀，唯独紫水晶是以双生的形态登场呢？这就不得不提到非常著名的日本律双晶。自然界里的晶体很少单个出现，大多都是两个以上的晶体自然地生长在一起，这被称为连生。连生分为不规则连生和规则连生，而规则连生又有好几个分类，日本律双晶就是其中的一种。简单来说，就是两个晶体长在了一起，两个晶体的关系是镜像或者一个旋转180°后和另一个重合或平行。这种双晶最初是在法国的 La Gardette（拉加德特）矿山发现并命名，被称为"La Gardette Law Twins"（拉加德特律双晶）。不过因为当时高端的标本都来自日本，所以日本律双晶这个名字使用得更加广泛。日本律双晶属于接触式双晶，两个晶体之间有一个特定的84°33′的夹角，这也是为什么剧中的双子一个叫84、一个叫33。

幽灵水晶首饰

紫水晶裸石

　　紫水晶的莫氏硬度为 7，日常佩戴完全没有问题。但是在宝石之国里，紫水晶曾被一个布满蓝宝石的夹子夹得粉身碎骨，主要是因为蓝宝石的莫氏硬度为 9，能够夹碎紫水晶自然不足为奇，所以在佩戴和存储紫水晶的过程中，还是

紫水晶项链

要注意避免和其他宝石产生摩擦，否则可能会在其表面留下划痕。

紫水晶的主要成分是二氧化硅，因为内部含有铁和猛等致色元素，所以才呈现出神秘优雅的紫色。早期紫水晶的产量并不大，所以价格非常高，在很长一段时间里，只有欧洲的皇室贵族才能佩戴紫水晶，他们认为紫水晶蕴含神秘力量，可以帮助他们获得权力与地位。历史上有非常多著名的皇室贵族都曾佩戴过紫水晶，例如俄国叶卡捷琳娜大帝的紫水晶耳坠、英国玛丽王后的紫水晶套装以及温莎公爵的紫水晶项链等等。直到19世纪，人们在巴西发现了巨大的紫水晶矿区，紫水晶才走下神坛，但并非所有的紫水晶都不值钱，就拿近期的伦敦苏富比拍卖行中的一个紫水晶吊坠来说，官方给出的估价是8万—12万英镑，但金·卡戴珊花了 16.38 万英镑才将它收入囊中。这枚紫水晶吊坠的前主人是英国珠宝商 Asprey & Garrard（阿斯普雷 & 加拉德）的前首席执行官 Naim Attallah（纳伊姆·阿塔拉），据悉戴安娜王妃作为他的好友，曾多次向他借用这枚吊坠去参加社交聚会。作为珠宝大户的戴安娜王妃都对这个紫水晶吊坠念念不忘，可见它的魅力确实很大。

　　值得注意的是，紫水晶本身的紫色调并不是特别稳定，如果长期处于高温环境，会有褪色的可能，所以在佩戴紫水晶的时候，一定要注意保养。目前市面上大多数的黄水晶都是紫水晶经过加热处理形成的。在水晶这个品类中，加热处理是一种业内认可的手段，但是这并不代表我们自己在家也可以随随便便地加热自己的紫水晶。想要让紫水晶褪色，是需要非常严格的温度把控的，如果加热的温度不合适，紫水晶可能会变成一个四不像。

后　记

　　宝石学是一门以矿物学和岩石学为基础，并与材料学、工艺美术学等一些学科互相渗透发展起来的新型学科。珠宝玉石的鉴定涉及大量地球科学、材料科学等专业知识，其能力的培养并非一朝一夕便可完成。很多人不具备对珠宝玉石的鉴别能力，现在珠宝市场乱象丛生，不少商家以次充好，这导致了很多朋友对珠宝玉石即便非常感兴趣，却不敢轻易入手。本书创作的初衷就是想帮助那些没有太多专业知识的朋友了解珠宝玉石的基础知识以及相关价格体系，揭开其神秘面纱。

　　钻石神秘，它经历了地球一大半演变的历史。地球的年龄大概是 46 亿年，橄榄岩型钻石的年龄约为 33 亿年，即便是最年轻的榴辉岩型钻石，最少也有 10 亿年的年龄。相比之下，人的一生短暂，生命不过是一个从熵减到熵增的过程，始于尘土，终于尘土。

　　碧玺颜色丰富，仿佛落入人间的彩虹。沐浴在彩虹下的平凡石子在沿途中获取了世间的各种色彩，被洗练得晶莹剔透。德国哲学家莱布尼茨说过"世界上没有两片完全相同的树叶"，我想这世上也没有两块碧玺拥有完全相同的颜色吧。

　　珍珠被誉为"珠宝皇后"，其美丽的外表之下有着不为人知的辛酸历程。一颗沙砾闯入了蚌壳的内部，给柔软安宁的世界带来尖锐的痛楚。无数个日日夜夜的积累，蚌壳最终把这沙砾变成了璀璨的珍珠。因为这颗沙砾，蚌壳的生命也有了不同寻常的意义。

　　海蓝宝石以海水颜色命名，具有大海般的色彩，令人仿若投身清凉的泳池之中。传说，这种美丽的宝石产于海底，是海水之精华，所以航海家用它祈祷海神保佑航海安全，称其为"福神石"。美美的海蓝宝矿石，充满着浪漫的海洋气息，看了后总是让人心情舒畅。

......

　　至此，本书已到了尾声，特别鸣谢国家珠宝玉石首饰检验集团有限公司国检教育（深圳）的大力支持，对全文提供了宝贵的修改意见并负责部分资料的编排与撰写。同时，也对珠宝界的各位前辈、珠宝公司各位同人、出版社的工作人员、亲朋好友和家人表示感谢，你们的帮助是我前进路上最大的动力。由于时间仓促，书中难免会有不足之处，恳请广大读者批评指正，感谢你的支持！

2023 年 10 月

后记